《羊皮卷》成功智慧大全

邓增辉　刘景义　编著

北京工业大学出版社

图书在版编目（ＣＩＰ）数据

《羊皮卷》成功智慧大全／邓增辉，刘景义编著．
—北京：北京工业大学出版社，2010.1（2020.9重印）
ISBN 978-7-5639-2234-5

Ⅰ．①羊… Ⅱ．①邓… ②刘… Ⅲ．①成功心理学—
通俗读物 Ⅳ．① B848.4-49

中国版本图书馆 CIP 数据核字（2009）第 212570 号

《羊皮卷》成功智慧大全

编　　著：邓增辉　刘景义

责任编辑：张　　瑚

封面设计：吕佳奇

出版发行：北京工业大学出版社

地　　址：北京市朝阳区平乐园 100 号

邮政编码：100124

电　　话：010-67391106　010-67392308（传真）

电子信箱：bgdcbsfxb@163.net

承印单位：三河市国新印装有限公司

经销单位：全国各地新华书店

开　　本：880mm×1230mm　1/32

印　　张：6

字　　数：150 千字

版　　次：2010 年 1 月第 1 版

印　　次：2020 年 9 月第 2 次印刷

标准书号：ISBN 978-7-5639-2234-5

定　　价：35.00 元

《羊皮卷》是世界上最伟大的励志丛书之一，被誉为全球成功人士的"启示录"和"奇书"。它所蕴藏的力量改变了无数人的生活命运，它犹如一盏明灯，照亮了很多人的人生之路。

旧时的人们没有纸张，习惯把重要的东西，尤其是人生智慧的结晶，记录在动物的皮上，而最常用的就是羊皮，这就是"羊皮卷"称谓的由来。《羊皮卷》是举世闻名的励志大师奥格·曼狄诺继《世界上最伟大的推销员》创作的又一巅峰巨作，书中包含了一系列知识、智慧、技巧和原则，辑录了戴尔·卡耐基、本杰明·富兰克林、阿尔伯特·哈伯德等50位闻名遐迩的"成功学大师"的精华，循循善诱地向世人告知了成功的秘密以及由之所带来的幸福生活的意义。《羊皮卷》一书于1996年发行简体版中译本，在读者中引起了巨大的反响。本书正是在此基础上，对《羊皮卷》进行的诠释和例证。

大千世界，芸芸众生。在激烈的竞争中，人们走着不同的人生之路，品味着不同的人生之果，从而有了"平庸"与"卓越"之分，有了"成功"与"失败"之别。这种差别并不是先天因素造成的，而是由后天努力决定的。

成功是每一个人的梦想，可成功却不会从天而降，它需要我们通过不断的努力修炼、积累去获得，我们只有努力提高自己的智慧和能力，追求全面、均衡的发展，才能最终走出荆棘，赢得成功。

一个人要想比别人强一点，比别人多收获一点，就要比别人多做出一些努力和付出；要想让自己的生命比别人更有价值，就要学会规划自己、充实自己、营造自己，主宰自己的命运。只有这样，我们才能不虚一世，不枉此生。

人生之光荣，不在永不失败，而在能屡仆屡起。对于那些每次跌倒能立刻站起来，每次坠地反像皮球一样跳得更高的人，是无所谓失败的。人生之路是没有尽头的，不要留恋逝去的梦，应把命运掌握在自己手中，在艰难前行的人生旅途中，才能充满希望和成功！

本书融《羊皮卷》丛书中"今天，我开始新的生活""坚持不懈，直到成功""假如今天是我生命中的最后一天""今天我要学会控制情绪""今天我要加倍重视自己的价值""我现在就付诸行动"六卷的所有智慧精华于一体，结合生活中事例，把我们在有限却无涯的人生旅途中难忘的经历都浓缩其中，对《羊皮卷》中的智慧精华进行了细致的诠释与扩展。

本书以《羊皮卷》卷题为章标，结合人生经验为小标，用理性的感悟为你讲解《羊皮卷》中的成功智慧，告诉你要怎样面对人生、改变自我，才能战胜人生的辛酸，抵达梦想的彼岸，最终构建起成功的幸福大厦。

　　也许生活中你的世界并不完美，但是成功之门却永远向你开放。相信在本书的帮助下，你将拥有《羊皮卷》的神奇智慧力量，它就像一把开启成功智慧之门的钥匙，使你从此彻底摆脱犹豫和困惑，进而赢得你企盼的成功，实现你远大的梦想。

目 录

第三章

假如今天是我生命中的最后一天

第四章

今天我要学会控制情绪

第五章

今天我要加倍重视自己的价值

第六章

我现在就付诸行动

第一章

今天，我开始新的生活

今天，我开始新的生活。我郑重地发誓，绝不让任何事情妨碍我新生命的成长。今天，我的老茧已化为尘埃。我在人群中将昂首阔步，不会有人认出我来，因为我不再是过去的自我。

《羊皮卷》成功誓言

我为成功而生，不为失败而活。

我为胜利而来，不向失败低头。

我要欢呼庆祝，不要啜泣哀诉。

可是，不知从何时起，我所有的梦都褪色了，不知不觉中，我也沦为平庸，和周围的人互相恭维着，自我陶醉着。

人，识得破别人的骗术，却逃不脱自己的谎言。懦夫认为自己谨慎，而守财奴也相信自己是节俭的。没有什么比自欺欺人更容易的了，因为我们往往相信我们希望着的事情。在我的生活中，没有哪一个人比我自己更能欺骗我了。

为什么我总在试图用言语来掩盖自己的渺小，总在试图为自己减轻负担，又总在为自己的低能寻找托词？糟糕的是，我似乎已经相信了自己编造的借口，心安理得，得过且过，安慰自己"比上不足，比下有余"。

不能再这样下去了！

当我终于开始自我反省时，我意识到，最可怕的敌人正是我自己。在那神奇的瞬间，自欺欺人的面纱从我眼前飘逝。

我终于明白，原来这世界上有着三种人：第一种人从自己的经验中学习——他们是聪明的；第二种人从别人的经验中学习——他们是快乐的；第三种人既不从自己的经验中学习，也不从别人的经验中学习——他们是愚蠢的。

我不是蠢人，从此我要靠自己的双脚前行，永远抛弃那自怜自贱的拐杖。

我永远不再自怜自贱。

我曾经傻傻地站在路边，看着成功的人昂首而过，富有的人阔步而行，心里生出许多渴慕。我不止一遍地想过，是否这些人具备一些我所没有的天赋，比如说，独特的技能、罕见的才智、无畏的勇气、持久的抱负，以及其他一些出众之处？是否他们每天比我多得到几个小时，得以完成那些伟大的计划？是否他们比我更具同情感与爱心？不！上帝从不偏心，我们是用同样的黏土捏成的。

我终于明白，并非只有我的生活才充满悲伤与挫折。即使最聪明、最成功的人也同样会遭受一连串的打击与失败。这些人和我不同之处仅仅在于，他们深深知道，没有纷乱就没有平静，没有紧张就没有轻松，没有悲伤就没有欢乐，没有奋斗就没有胜利，这是我们生存所要付出的代价。起初，我还是心甘情愿、毫不迟疑地付出这种代价，但是接二连三的失望与打击，像水滴石穿一样，侵蚀着我的信心，摧毁了我的勇气。现在，我要把这一切都置之度外。我不再是行尸走肉，躲在别人的阴影下，在无数的辩解与托辞中，任时光流逝。

我永远不再自怜自贱。

我终于明白，耐心与时间甚至比力量与激情更为重要。年复一年的挫折终将迎来收获的季节。所有已经完成的，或者将要进行的，都少不了那孜孜不倦、锲而不舍、坚忍不拔的拼搏过程。这种过程是一点一滴的积累，步步为营的拓展，循序渐进的成功。

成功往往转瞬即逝。昨夜才来，今晨又去。我期待着一生的幸福，因为我终于悟出藏在坎坷命运后面的秘密。每一次的失败，都会使我们更加迫切地寻求正确的东西；每一次从失败中得来的经验教训，都会使我们更加小心地避开前方的错误。就这种意义而言，失败是通往成功的道路。这条路，尽管洒满泪水，却不是一条废弃之路。

我永远不再自怜自贱。

感谢上帝为我安排了这一切，并把这珍贵的《羊皮卷》交到我的手中。我终于认识到，生命最低落的时候，转机也就要来了。

我不再悲痛地追忆过去，过去的不会再来。在《羊皮卷》的启示下，我把握现在，努力向前，去邂逅神奇的未来，没有恐惧，没有疑虑，没有失望。

上帝按照自己的形象造就了我。对我而言，有志者，事竟成。

我永远不再自怜自贱。

《羊皮卷》成功智慧

跟烦恼和忧伤说再见

莎士比亚曾说过："聪明的人永远不会坐在那里为他们的损失而悲伤，他们会很高兴地找出办法来弥补他们的创伤！"

然而在当今，为已经过去的事情忧伤和烦恼的人比比皆是，他们越陷越深，最终丢失了本应属于自己的幸福。因此，要做一个快乐的自己，就要懂得放弃过去的烦恼和忧伤，以开朗的心态将自己融入新的生活，而不是沉湎于对往事的回忆，执着于逝去的忧伤……

遗忘忧伤和烦恼，是一个人获得成功和快乐的关键。失恋带来的痛楚、矛盾留下的仇恨、成功带来的负荷、分歧带来的争吵、距离带来的误解、名利带来的贪求与挫折，所有这一切，都是已经破碎的过去。把它们忘掉，不再为它们挂怀，才能更轻松地面对生活。

1954 年，巴西的男女老少几乎一致坚信巴西足球队会成为那届世界杯赛的冠军。然而，在半决赛时，巴西队却意外地输给了法国队，没能将那个金灿灿的奖杯带回巴西。

球员们比任何人都更明白足球是巴西的国魂。他们懊悔之极，感到没脸回到祖国。他们知道，球迷们难免会辱骂、嘲笑和扔汽水瓶的。

当飞机进入巴西上空的时候，球员们更加心神不安，如坐针毡。可是，当飞机降落在首都机场上，他们眼前却是另一番景象：巴西总统和两万多名球迷默默地站在机场，人群中有一条横幅格外醒目："这已经是过去！"球员们顿时泪流满面，低垂的头抬了起来。

4 年后，巴西足球队不负众望赢回了世界杯冠军。当巴西足球队的专机一进入国境，16 架喷气式战斗机就为之护航。当飞机降落在机场时，聚集在机场上欢迎的人多达 3 万。从机场距首都广场将近 20 千米的道路两边，自动聚集起来的人群超过 100 万。这是多么激动人心的场面！

人群中又出现了 4 年前那条横幅："这已经是过去！"球员们慢慢地把高高扬着的头低了下来。

人之所以成为世界上最聪明的动物，是因为人在记忆上有一种自我调控机制：忘记大多数事情，而有选择或下意识地记住一些事情。这使得人能够及时从那些不愉快的、可能会影响心情和健康的事情或记忆中解脱出来。人一旦停滞在过去，就会产生杂念，有眷恋之心，就会痛苦、怨恨、嗔怒、不甘心。

记住一句话："别让太多的东西捆住手脚，否则就只能被钉在框架里。"

人的一生是个漫长的旅程，所有眼前的事情，在时间的长河里都显得十分渺小，真正值得我们去做的不是怨愤，而是继续创造。如果往事不堪回首，那就不要总去回头。

传说上帝创造了人，然而自普罗米修斯的"黄金一代"后，人便开始变得丑恶了。人世间的种种罪恶让上帝后悔，于是他决定毁掉人，然后重新塑造。人间有个虔诚的信徒叫诺亚，上帝想让他活着，于是让他准备一条方舟，把世间所有的生物都选一对放在舟内。上帝让他把方舟放在靠山的背面，并且逃离时绝对不可以回头看村庄。那天，诺亚收到上帝的信息后就和妻子、孩子一起开始逃亡。他记住了上帝的话，一路跑向方舟。他的妻子忍不住回头看了一眼，立即化为石像。诺亚和孩子跑进方舟。在一阵巨响之后，大水四处蔓延。诺亚望了望村庄的方向，那里已经化为汪洋一片。七天七夜后，诺亚见到了陆地，并上了岸，开始重新生活。

不要回头看，这是多么简洁又深刻的真理，当我们的过去之城不可避免地毁灭，而我们已经幸运地逃到另一片天地的时候，最重要的告诫就是：不要回头看。无论如何遗憾、惋惜，还是万幸，都不要回头看，否则的话，我们也会变成一座僵硬的石像。当事情已经过去时，不要回头看，大步向前，去追求新的方向与目标。

一个老人买了一个精美的花瓶，并用绳子捆好花瓶背着回家。路上绳子断了，花瓶掉在一块石头上碎了。老人头也不回地继续前行。

一个过路的少年喊住老人，问他："你不知道花瓶碰碎了吗？"

老人回答："我知道。"

少年又问："那你为什么不回头看看？"

老人说："已经碎了，回头看又有什么用呢？"

覆水难收，已经泼出去的水、说出来的话、做出来的事都难以挽回，就像一个破碎的花瓶，不管做出什么样的补救措施，表现出多么的不情愿，都改变不了它已经破碎的事实。人生之路是不可逆的，任何人都不可能重新来过、重新选择。不管你多么虔诚地沉浸在对失去事物的惋惜与痛苦之中，也于事无补。但是，心胸豁达的我们，既然懂得既成事实不能改变，何不坦然接受呢？从此不再为过去发生的事后悔，不再让那些已经过去、已经做过的事影响我们，这样，我们将得到整个人生的快乐和圆满。

学会时常给自己归零

在生活中，我们要学会时常地给自己归零，因为归零不但可以使自己的心灵得到解脱，还可以重新认识和塑造自我，以便今后可以更好地投入生活。

有这样一则故事：上帝把 1、2、3、4、5、6、7、8、9、0 这 10 个数字摆出来，让 10 个人去取，并说道："一人只能取一个。"人们一拥而上，把 9、8、7、6、5、4、3 都抢走了。

抢到 2 和 1 的人，都说自己运气不好，得到的太少了。

可是，有一个人却心甘情愿地拿走了 0。

有人说他傻："拿个 0 有什么用？"

还有人笑他痴："0 是什么也没有呀！要它干什么？"

这个人说："从 0 开始嘛！"就埋头苦干起来。

他获得了 1，有 0 就成为 10；他获得了 5，有 0 就成了 50。他全心全意地干着，踏踏实实地向前，他把 0 加在他获得的数字后面，就 10 倍 10 倍地增加。他终于成为最富有、最成功的人。

有人把"0"看做一无所有，有人把"0"看做虚无空幻，然而，也有人把"0"看成一个可以无限发展的空间。古龙评价金庸的作品时说："令狐冲之所以能练就吸星大法这个盖世神功，是由于他的丹田里一点儿真气也没有，是一只空杯子。"看来，一无所有并非坏事，一张白纸才好画最新最美的图画。

山里住着一位靠砍柴为生的樵夫，他辛辛苦苦地建造了一个可以遮风避雨的房子。

有一天，他挑了砍好的木柴到城里卖，黄昏回家时，却发现自己的房子着了火。

左邻右舍都来帮着救火，但是由于傍晚的风势过于强大，没有办法把火扑灭，一群人只好站在一旁，眼睁睁地看着熊熊火焰吞噬了整栋木屋。

大火终于扑灭，这位樵夫手里拿着一根棍子，跑进倒塌的屋里不停地翻找着。围观的邻居以为他在找藏在里面的珍贵宝物，都好奇地在一旁观看他的举动。

过了半响，樵夫终于兴奋地叫着："我找到了！我找到了！"

邻居们发现樵夫手里只是捧着一柄斧头，根本不是什么值钱的宝物。

樵夫兴奋地把木棍嵌进斧头里，充满自信地说："只要有这柄斧头，不久就可以再建造一个更坚实耐用的家。"

人生难免遇到挫折，与其为过去后悔哭泣倒不如放眼未来。每个人都不会真正输光，当大火夺去我们的所有时，至少手里还有那柄斧头。有了这把斧子，我们就可以从零开始，从头再来，开创更美好的生活。

一个富商赔光了所有家产，他伤心欲绝地去跳河，这时发现一个同样也到河边哭泣要跳河的妇女。他问妇女："你为什么跳河？"

"我，我被丈夫遗弃了。"

"哦，你什么时候认识你丈夫的？"

"我是 3 年前认识他的，我们刚结婚一年他就另觅新欢不要我了。"妇人越说越伤心，真的要去跳河了。

"哦，你等等，"富商问，"那 3 年前没有遇见他的时候你是怎么活的？没有他你就必须跳河吗？"

"3 年前我没有认识他的时候，我生活得很好，很快乐。"

"是啊，你完全能从头再来啊，只不过 3 年时间，3 年在你一生中只占几十分之一啊，为什么要为 3 年付出那么多代价呢？3 年是可以用另外一个 3 年挽回的。你看，3 年前我只是一个到这个城市打工的流浪汉，当时我身无分文，可现在我已经是富翁了。你说是吗？"

"是啊，谢谢你，我真不知该怎么谢你！"妇人终于笑了，轻松地离开了。

在劝完妇人后，富商好像也劝了自己。是啊，3 年前我还不是一无所有吗？就让一切都归零，从头再来吧。富商也轻松地离开了河边。

适当归零，从头再来，是一种不甘屈服的傲气，是一种勇敢面对失败的人生境界。从头再来，源于我们对现实和自身的清醒认识，是对自我实力的一种肯定，是一种挑战困难、挑战自我的勇气。从头再来，需要我们忍受失败的痛苦，吸取失败的教训；从头再来，需要我们坚定自己的信心，相信坚持到底就是胜利。从头再来，是一种希望，是绝望时仍然忠实于生命的最好见证。

歌德说过，苦难一经过去，苦难就变成甘美。其实，每个人的心都好比一颗水晶球，晶莹剔透，然而一旦遭到不测，背叛生命的人会在黑暗中慢慢消逝，而忠诚于生命的人总是将五颜六色折射到生命中的每个角落。

　　的确，所谓人生百态，但最终都会归于一段梦。或取或舍，或苦或甜，或积极或消沉。诸如很多人在一个职位日子久了或在相同的岗位上工作一段时间后，往往会变得日渐慵懒，甚至逐渐出现对新的事物不再敏感的情形。究其原因，进步越来越慢甚至倒退，往往是因为同一件事做久了，难免会感到倦怠，甚至自以为已经很熟悉了，有意无意间会让自己的脚步慢下来，甚至停滞不前，实际等于倒退。这就需要时常从思想上、意识上给自己归零，重新学习，就像刚刚参加工作时一样。这样，自己会更有动力，更有活力，能够更加努力、自主地去工作。

　　生活中，人们常常感叹生命就像是一条不归路，在这个过程中，人人都向往着美好的事情能够更多地发生在自己身上。然而，多数时候，我们却要经历痛苦、磨难、沮丧，甚至失望。如果我们无法正视这一切的话，失望便会无限地在我们的心里膨胀，让我们感受不到快乐。

　　太多的人，为了自己的理想不停地奋斗，可是到了最后才发现，所谓的理想，仅仅是让自己在生命过程中产生动力的一种因素，实现理想的同时，又会让自己陷入到另一种无望之中。这个时候，我们所能够做的，就是要学会及时为自己的理想刷新，一切从零开始，再踏上新的征途。

　　人生要学会归零，在一次次的磨难中，在一次次的失去以后，我们应该学会归零，一切从头开始是最好的解脱。人，在除去溃烂伤口的时候，也会割掉一些健康的血肉，为了迎来新生，这是必须付出的代价。别让记忆冲淡你的信念，信念是人的精神支柱，人不能丢掉信念和欲望，把一切归零，你将收获更美好的人生！

归零，是对人生历练后的一种沉淀，是放弃虚华的一种表现。一个人在某个行业已经干这么久了，正是应该有点建树的时候，却又要从头开始学习，这往往会给其他人一种误觉，认为你给自己归零其实是不自信和怕失败的表现。因此，只有懂得归零的人才会明白成和败、输与赢都是人生中应该放弃的虚华，只有时常给自己归零才能时时提醒自己跃升。就像一个杯子盛满了水，就无法再往里倒进水去那样，如果能随时保持空杯的状态，那么要往杯子里加水就很容易了。所以学会让自己时时归零的人，才是能不断取得进步的人。

环境难改自我可变

当我们感到难以改变环境时，我们却能改变自己。这句话已经成了无数成功人士恪守的人生准则。人生在世，很多事情都是我们无法改变的，一个人的人生道路往往不是主观意念所能决定的。在许多情况下，我们不可能改变残酷的现实，唯一可行的选择是改变自己。改变自己的思维方式，改变自己看问题的角度，改变自己的行为模式，以适应目前所处的环境，让生命在有限的时空中得以延续。就好比一块石头，有棱有角，从山坡滚下去势必断棱破角，但如果是圆滑的鹅卵石，就顺利轻松多了。

世界上并不只有你一个人，不可能所有的事情都按照你的意愿发展，面对一个强大而又不被你喜欢的环境，你的反抗是徒劳的，你只能学会适应。比如上课，老师只有一个，学生却有几十个，而每个人的学习方法又都不相同，若要老师来适应所有的学生是不太现实的，所以，我们就应该去适应老师的教学方法，适应老师的讲学思路。比如吃饭，学校的食堂只有一个，学生却有数千人，所谓众口难调，不可能让食堂为每个人都做一个喜欢吃的菜，只能是我们慢慢适应食堂的饭菜。再比如，你所住的地方附近正在施工，机器轰鸣吵得你不得安宁，但是你不可能为了安宁要求他们停止施工，那么，唯一的办法就是改变自己，学会闹中求静。改变自己，不要以为所有的适应都是随波逐流；改变自己，不要以为所有的适应都是世故与圆滑。我们所有的改变都是为了使自身在今后有更好的发展。记住这句话吧，如果你改变不了环境，就改变你自己！

在墨西哥的下加利福尼亚半岛上，有一个特殊的物种——美洲鹰。它们长年生活在这个美丽的半岛上，也一直与当地人和谐共存。可是，随着经济的快速发展，美洲鹰的价值受到了人们的关注。为了高额利润，当地人开始大规模地捕杀美洲鹰。一段时间之后，在不计后果的捕杀下，美洲鹰绝迹了。当人们为这一物种的绝迹叹息不已的时候，阿·史蒂文却宣布了一个令人震惊的结果：他在南美洲的安第斯山脉下的一个岩洞中找到了美洲鹰的踪影。这一发现震惊了整个生物界，让人们看到了美洲鹰新的希望——如何改变自我，适应新的环境。

随着探索的进一步加深，研究者们又产生了新的疑惑，一只成年的美洲鹰体重高达十八九千克，双翼展开能够长达 3 米，它们是怎样生活在空隙仅 0.15 米的岩洞中的呢？为此他们做了一个实验：把美洲鹰放在一个用树枝和铁条做的小洞中，暗中观察美洲鹰的活动。令人惊奇的是，在穿越小洞时，美洲鹰并没有硬碰，而是把双翼紧贴在肚皮上，而双脚直伸到尾部，头颈伸直，形成一条直线，顺利地通过了小洞。显而易见，它们在长期的岩洞生活中，练出了这样的本领。

阿·史蒂文还进一步发现，它们并不是平白地增添了这些本领，而是苦练的结果。因为每只鹰的身上都有或大或小的伤疤，结出的痂都如岩石般坚硬。原来，它们是在一次次的失败中，练出了这身特殊的本领，才得以在岩缝中存活的。

千万年来，动物与人类都在为生存而战。如果想不被淘汰，就要像美洲鹰一样，以改变自己的方式来适应不断变化的生存环境。尽管缩小自己的过程会千难万险，甚至流血流泪。但只有勇于缩小自己，才能扩大生存空间。人不可能都生活在自己的意愿之中，当生活不尽如人意时，只能在对环境的适应之中谋求生存。达尔文的一句经典名言就是："适者生存。"地球上任何物种如果适应不了它所生存的环境，那么就只有面临被淘汰的命运。侏罗纪时代，曾经的恐龙是那么强大，可是由于适应不了气候的巨变，最后都灭绝了。对于人类而言，如果没有一定的适应能力，伴随着你的只有失败和痛苦，甚至走投无路。

人的一生会经历很多变故，我们要学会在不同的环境中生存。然而能够在不同的环境中生存下来的，往往不是最强大的，也不是最聪明的，而是最能适应环境的。

做人要拿得起放得下

所谓"放得下"，就是遇到"千斤重担压心头"时能把心理上的重压卸掉，轻松自如地继续人生之旅。生活中不如意事十有八九，要做到事事顺心绝非易事，就要拿得起放得下，遇到不愉快的事让它过去，不放在心上。其实，放得下不仅是一种觉悟，更是一种自由。

佛家的智慧告诉我们：舍得，舍得，有舍才有得。心地善良、胸襟开阔等良好品性，才是健康人生之本。贪图小便宜，什么事情都放不下，终究是要吃大亏的。

拿得起放得下，是一个人安身立命所必备的基本能力和素质，也是关键时刻做事所表现出来的个性与态度。它大可以是决定一个人命运的战略举措，小则关系到一个人日常举止的每一个细节。它既包括获取物质财富的绝妙策略，也包括对自我精神的完美塑造。可以说，无数成功人士都是精于做人之道的高手，他们往往将成就归功于做人拿得起放得下的策略。

一则故事说，拿破仑的法国军队从莫斯科撤走后，一位农夫和一位商人在街上寻找财物。他们发现了一大堆未被烧焦的羊毛，两个人就各分了一半捆在自己的背上。归途中，他们又发现了一些布匹，农夫将身上沉重的羊毛扔掉，选些自己扛得动的较好的布匹；贪婪的商人将农夫所丢下的羊毛和剩余的布匹统统捡起来，重负让他气喘吁吁、行动缓慢。走了不远，他们又发现了一些银质的餐具，农夫将布匹扔掉，捡了些较好的银器背上，商人却因沉重的羊毛和布匹压得无法弯腰，只得作罢。

这时，天降大雨，饥寒交迫的商人身上的羊毛和布匹被雨水淋湿了，他踉跄着摔倒在泥泞当中；而农夫却一身轻松地回家了。

农夫变卖了银餐具，生活富足起来。这就是拿得起放得下的一个实例。正如我们走在人生路上一样，大千世界，万种诱惑，什么都想要，会累死你，该放就放，你会轻松快乐一生。

纵观一个人的人生道路，大都呈波浪起伏、凹凸不平之状，难怪乎古人要说"变故在斯须，百年谁能持"了。有一个奥运会柔道金牌得主，在连续获得203场胜利之后却突然宣布退役，而那时他才28岁，因此引起很多人的猜测，以为他出了什么问题。其实不然，这位运动员是明智的，因为他感觉到自己运动的巅峰状态已是明日黄花，以往那种求胜的意志也开始落潮，于是主动宣布退役，去当了教练。从长远来看，这种选择实际上是一种如释重负、坦然平和之举，比起那种硬充好汉者来说，他是英雄，因为他毕竟是在人生最高处的亮点上果断地"放下"了，给世人留下的毕竟是一个微笑。

放弃东西易，放弃事业难，更难的是让一位身居高位的人忘记自己的身份，忘记自己过去所取得的成绩，放下自己"高高在上"的身价。

刘备本是一位谦虚、慎行的人，关羽、张飞之死使他十分悲痛。为给关羽、张飞报仇，刘备兴西川之兵浩荡东来。投东吴的关羽旧部糜芳、傅士仁，将刘备所恨者马忠杀了，献首级给刘备，刘备连糜、傅也剐了，一同祭关公。东吴诸将献计孙权，将杀张飞投东吴的范疆、张达也送还刘备，以息战宁人，谁料刘备剐了范、张，仍怒气不消，定要灭吴。孙权在这种情况下，从阚泽言，起用陆逊为主将，统率步水马三军抗刘。消息传来，刘备问陆逊何许人也。马良说是东吴一书生，年幼多才，多有谋略，袭荆州便是他用的计。刘备大怒，非要擒杀陆逊为关羽、张飞报仇不可。马良谏道，陆逊有周瑜之才，不能轻敌。刘备却说："朕用兵老矣，岂反不如一黄口孺子耶！"

这就是刘备放不下架子的表现。我们知道，战争胜负取决于能否不以老少定乾坤。用兵之道的优劣，取决于能否把握战机，深谙谋略。刘备在此以资夸口，以为自己经历的战争多，计谋就老到，实属荒唐。所以，这次战役还未开始之时，就注定了刘备的失败。

这个教训告诉我们，在考虑关键问题时，切忌"放不下架子"。时时想到自己的职务和资历，看问题就会少了客观性，多了盲目性，这样考虑问题就不周全，处理问题就会产生误差，脱离了实际以至造成抱恨终身的损失。

有所放弃，你就可以轻装前进，周全做事，获得成功；有所放弃，你就可以摆脱烦恼和纠缠，使整个身心沉浸在轻松、悠闲和宁静之中；有所放弃，会改善你的形象，使你显得豁达豪爽；有所放弃，会使你赢得众人的信赖；有所放弃，还会使你变得更加精明，更加能干，更有力量。

辩证法告诉我们：有得必有失，有失才有得。"塞翁失马，焉知非福。"揭示了一个亘古不变的真理。有得必然有失，有失必然有得。有"体操王子"美誉的李宁，退出体坛后选择了办实业的道路，不也取得了令人称羡的成功吗？

因此，做一个明智的人，既然拿得起那颇有分量的光环，也同样应当放得下它，从而使自己步入柳暗花明的新天地，做出另一种有意义的选择。这样，我们又有什么惆怅或遗憾的呢？因此可以说，要做到事事顺心，就要拿得起放得下。放弃是一种睿智，它可以放飞心灵，可以还原本性，使你真实地享受人生；放弃是一种选择，没有明智的放弃就没有辉煌的选择。

有一个禅宗故事就风趣地说明了"放得下"的重要性。两个和尚赶路，遇到一个女人被河水所阻，其中一个和尚就抱她过了河。他们又继续赶路，另一个和尚指责他的同伴："出家人不近女色，你怎么能抱她呢？"那个曾经"美女在抱"的和尚叹息："我早把她放下了，你怎么还抱着她呢？"

放得下是一种觉悟，更是一种自由。如果不懂得"放下"的艺术，我们就难免成为那个心胸狭隘而又"抱着不放"的小和尚了。

做人要拿得起放得下。人生就是一场选择，选择的对与错会决定你的人生成败。很多时候我们要学会重新选择，尽管目前在做的事对我们来说也很重要，但我们仍然要放弃，放弃也是一种选择，只有彻底放弃以前的错误才会有新的正确的开始。

成功属于不怕失败的人

每个人都会面临各种挑战、各种机会、各种挫折，这时候你所能承受挫折的能力，决定着你未来的命运。成功不是一个海港，而是一次埋伏着许多危险的旅程，人生的赌注就是在这次旅程中要做个赢家，成功永远属于不怕失败的人。

有一个博学的人遇见上帝，他生气地问上帝："我是个博学的人，为什么你不给我成名的机会呢？"上帝无奈地回答："你虽然博学，但样样都只尝试了一点儿，不够深入，用什么去成名呢？"

那个人听后便开始苦练钢琴，后来虽然弹得一手好琴却还是没有出名。他又去问上帝："上帝，我已经精通了钢琴，为什么您还不给我机会让我出名呢？"

上帝摇摇头说："并不是我不给你机会，而是你抓不住机会。第一次我暗中帮助你去参加钢琴比赛，你缺乏信心，第二次又缺乏勇气，这怎么能怪我呢？"

那人听完上帝的话，又苦练数年，建立了自信心，并且鼓足了勇气去参加比赛。他弹得非常出色，却由于裁判的不公正而被别人抢了成名的机会。

那个人心灰意冷地对上帝说："上帝，这一次我已经尽力了，看来上天注定，我不会出名了。"上帝微笑着对他说："其实你已经快成功了，只需最后一跃。"

"最后一跃？"他瞪大了双眼。

上帝点点头说："你已经得到了成功的入场券——挫折。现在你得到了它，成功便成为挫折给你的礼物。"

这一次那个人牢牢记住上帝的话，他果然成功了。

如果将幸福、快乐比作太阳。那么，不幸、失败、挫折就可以比作月亮。人不能只祈求永远在阳光下生活，在生活中从没有失败和挫折是不现实的。挫折是成功的入场券，它能使人走向成熟，取得成就，但也可能破坏人的信心，让人丧失斗志。对于挫折，关键在于怎么看待。

山里住着一家猎户。父亲是个老猎手，在山里闯荡了几十年，猎获野物无数，走山路如履平地，而且从未出过事。然而有一天，因下雨路滑，他不小心跌落山崖。

两个儿子把父亲抬回了家，他已经快不行了，弥留之际，他指着墙上挂着的两根绳子，断断续续地对两个儿子说："给你们两个一人一根……"父亲还没说出用意就咽了气。

掩埋了父亲，兄弟二人继续打猎生活。然而，猎物越来越少，有时出去一天连个野兔都打不回来，俩人的日子艰难地维持着。一天，弟弟与哥哥商量："咱们干点儿别的吧！"哥哥不同意："咱家祖祖辈辈都是打猎的，还是本本分分地干老本行吧。"

弟弟没听哥哥的话，拿上父亲给他的那根绳子走了。他先是砍柴，用绳子捆起来背到山外换了几个钱。后来他发现，山里一种漫山遍野的野花很受山外人喜欢，且价格很高。从此，他不再砍柴，而是每天背一捆野花到山外卖。几年下来，他盖起了自己的新房子。

哥哥依旧住在那间破旧的老屋子里，还是干着打猎营生。由于常常得不到猎物，生活越来越拮据，他整天愁眉苦脸，唉声叹气。一天，弟弟来看哥哥，发现他已经用父亲给他的那根绳子吊死在房梁上。后来才知道，哥哥是因为财产被合伙人全部骗走而自寻短见的。

在人生的道路上，挫折是难免的，只有那些勇于面对挫折，不畏艰难，凭着坚强和毅力拼搏的人，才有希望走向成功，才能创造出更加美好的明天。要想获得成功和幸福，要想过得快乐和欢欣，就必须要把挫折和痛苦读懂。受挫一次，对生活的理解加深一层；失误一次，对人生的醒悟增添一级；不幸一次，对世间的认识成熟一分；磨难一次，对成功的内涵悟透一成。让我们把挫折这个"绊脚石"踏在脚底下，使它成为"垫脚石"，最终战胜挫折，百炼成钢！

千万别为打翻的牛奶哭泣

一天，保罗博士在实验室讲课。他把一瓶牛奶放在桌上，沉默不语，学生们不明白，只是静静地看着老师。忽然保罗一巴掌把那瓶牛奶打翻在水槽中，同时大喊了一句："不要为打翻的牛奶哭泣！"然后他叫学生们到水槽前看，"我希望你们永远记住这种经历，牛奶已经淌光了，不论你怎样后悔和抱怨，都没有办法再取回一滴。你们要是在事前加以预防，那瓶牛奶还可以保住，可是现在晚了。我们现在所能做到的，就是把它忘记，然后注意下一件事。"

过去的已经过去，过去不能改写，只有重新开始，为过去哀伤、遗憾，除了劳心费神、分散精力之外，没有一点益处。

"不要为打翻的牛奶哭泣"，这是美国著名企业家、教育家、演讲家卡耐基曾说过的话。卡耐基在他事业刚刚起步的时候曾经在密苏里州举办了一个成人教育班，成功后又迅速地在全国各大城市开办了许多分部。由于没有经验又疏于财务管理，在他投入很多资金用于广告宣传、租房、日常的各种开销之后，他发现虽然这种成人教育班的社会反响很好，但自己所取得的利润并不好，一连几个月的辛耕劳动竟没有什么回报，收入刚够支出的，几个月下来自己是白忙活了。

卡耐基为此很是烦恼，他不断地抱怨自己的疏忽大意。这种状态维持了好长时间，他整日闷闷不乐，神情恍惚，无法进行刚刚开始的事业。后来，卡耐基只能去找他中学时代的老师乔治·约翰逊，向他寻求心灵上的帮助。老师听完卡耐基的话之后，真诚地对他说："是的，牛奶被打翻了，淌光了，怎么办？是看着被打翻的牛奶哭泣，还是去做点别的？记住被打翻的牛奶已是事实，不可能重新装回瓶子里了，我们唯一能做的，就是吸取教训，然后忘掉这些不愉快。"

老师的话如醍醐灌顶，使卡耐基的苦恼顿时消失，精神也振奋起来。他重新投入热爱的事业中来。后来卡耐基常常把这句话说给他的学生，也说给自己听。有一位学员多年之后回忆听课时的情景，还颇有感触地说起卡耐基曾说过的这段话。

莎士比亚说："聪明的人永远不会坐在那里为他们的损失而悲伤，他们会很高兴地想办法来弥补他们的创伤。"值得我们注意的是，直到现在，生活在我们这个时代的很多人都还自觉或不自觉地遵照他的话去做。

著名化学家诺贝尔在一次实验中，不慎引发了一场大火，他最亲爱的弟弟在大火中不幸遇难。诺贝尔的内心充满了自责，他觉得无法面对母亲，面对家人，曾想就此放弃研究。所幸的是，经过一段时间后，他的心里平静了下来。他想，弟弟是为此而死的，如果自己就此放弃事业，弟弟的死就毫无价值。于是他重新振作起来，更加认真地投入研究工作，最终取得了成功。

上帝让身处糟糕地位的穷人陷入更糟糕的处境，以此来说明，你的处境虽然很糟糕，但还不是最糟糕的，你还没有到绝望的时候。

奥斯卡获奖影片《苏菲的抉择》，讲述了一个从奥斯维辛集中营逃出来的波兰女人的故事。这个曾在纳粹集中营里备受折磨的女人叫苏菲，我们有理由，却无法责备苏菲的软弱。确实地说，惨无人道的奥斯辛集中营生活，能把每一个人逼到精神崩溃的边缘。苏菲是一个普通的弱者，求生的渴望，母性的本能，使得她不惜一切代价去争取生存的机会。她确实曾拒绝过帮助别人，也曾在集中营中抽笨地与纳粹套近乎。但这些在良心与本能之间做出的痛苦抉择，让恐惧、自责如阴云一样整日笼罩着她。后来，一个德国军官要求她只能在儿女中选择一个活下来，一个被送去毒气室——这样一个非人道的抉择摆在柔弱无辜的母亲面前时，逼得苏菲成了杀害女儿的"凶手"。这彻底撕裂了她的心灵，摧残了苏菲的精神和意志。一个双刃剑一般的抉择，不管结果如何都同样会伤害到她。甚至，这种抉择本身也是徒劳的，因为儿子最后也未逃脱被屠杀的命运。战争过后，尽管生活恢复平静，她却无法得到心灵的救赎。故事的最后，苏菲选择了服毒自杀。

这样悲情的影片，赚取了多少人的眼泪。因为过失，因为执着，每个人都有伤心的理由。在人的一生中，谁敢说自己从没犯过错误？就连拿破仑这个不可一世的人，也在他所有重要的战役中输掉了三分之一，或许我们的平均纪录并不比拿破仑更差。如果我们为打翻的牛奶哭泣，却忘记每天都可以挤奶的奶牛；如果我们正在向往着天边那座奇妙的玫瑰园，却没有注意欣赏开放在自己窗口的玫瑰，那将是人生的悲哀。我们总是不能及早领悟：生命就在生活里，在自己手中，在每天每时每刻中。曾经有人说过：如果你心中对这个世界充满了不满，那么即使你拥有了整个世界，也会觉得伤心。

打翻的牛奶，恰恰使我们懂得了：过去的已经过去，过去的岁月不可能再来一遍，光阴如箭，不容后悔。从过去的错误中吸取教训，在以后的生活中不要重蹈覆辙，要知道"往者不可谏，来者犹可追"。

我们没有魔法去改变那已过去并已注定了的事实，只能尝试着放下那些沉重的包袱，放下自责、懊恼和伤心，只能劝说自己别再试图去收回那已流进了下水道的牛奶。那时的我们，也经历过很多的坎坷与曲折，也做过很多的错事，也曾因为错误而失去过一些美好的东西，可我们不必再去为那些不可能改变的既往错误而懊悔和折磨自己。如果我们能换位思考，它们就变成了财富，因为人生之路就是在不断学习、不断进取中延伸的。我们每天都要去面对一些新的事物，每时每刻都要面临新的挑战，如果能战胜挑战，那么我们也就拥有了更多美好的时光，拥有了更多美好的事物，生活也将更加美好更加幸福了。有一位诗人曾说：假如你还在为错过昨天的太阳而后悔，那么你将错过今晚的星星和月亮。所以，调整心态，面对现实，不要为打翻的牛奶哭泣，而要千方百计地争取拥有一杯更纯更好的牛奶。

第二章 ▷

坚持不懈，直到成功

我不想听失意者的哭泣、抱怨者的牢骚，这是羊群中的瘟疫，我不能被它传染。我要尽量避免绝望，辛勤耕耘，忍受苦楚。我一试再试，争取每天的成功，避免以失败收场。在别人停滞不前时，我继续拼搏。

《羊皮卷》成功誓言

我醒来了。

我满怀喜悦，迎接新的一天。

我感到自己的变化，现在我用快乐与自信代替了自怜与恐惧。

人因为磨难而接受教训，有所长进。我不再重复过去的失败和错误，因为我有了《羊皮卷》的指引。

当我迈进新的一天时，我有了三个新伙伴：自信、自尊和热情。自信使我能够应付任何挑战，自尊使我表现出色，而热情是自信和自尊的根源。

历史上任何伟大的成就都可以称为热情的胜利。没有热情，不可能成就任何伟业，因为无论多么恐惧、多么艰难的挑战，热情都赋予它新的含义。没有热情，我注定要在平庸中度过一生；而有了热情，我将会创造奇迹。

我的生存有了新的意义。失败不再是我的常伴。不久前，从我开始记住微笑时起，空虚、孤独、无力、悲伤、烦恼和失望就不复存在了。别人也同样向我微笑，对我关怀。我们共同点燃爱与幸福的烛光。

我永远沐浴在热情的光影中。

热情是世界上最大的财富。它的潜在价值远远超过金钱与权势。热情摧毁偏见与敌意，摈弃懒惰，扫除障碍。我认识到，热情是行动的信仰，有了这种信仰，我们就会无往不胜。

我永远沐浴在热情的光影中。

　　一时的热情容易做到，把渴望的心思保持一天或者一周，也不太难。但是我要做的是，养成习惯，使热情时常陪伴着我。热情是对工作的热爱。我不需要了解它，我只要知道它使我的身体健康，使我的头脑充实。

　　随着我的努力，热情将会变成一种习惯。首先我们养成习惯，然后习惯成就我们。热情像一辆战车，带我奔向更加美好的生活。我在微笑中期待美好生活的来临。

　　我永远沐浴在热情的光影中。

　　热情可以移走城堡，使生灵充满魔力。它是真诚的特质，没有它就不可能得到真理。和许多人一样，我曾一度以为生活的回报就是舒适与奢华，现在才知道我们热望着的东西应该是幸福。就我的未来而言，热情比滋润麦苗的春雨还要有益。

　　今后，我所有的日子都将与以往不同。我不再把生活中的付出当作辛劳，因为这样一来，工作便是迫不得已的苦差，伴随着无休无止的忍受。相反，让我忘记生活的艰辛，用旺盛的精力、充分的耐心和良好的状态去迎接每天的工作。有了这些素质，我将远远超过以往的成绩。时间飞逝，热情不绝，我一定会变得对自己和对世界更有价值。

　　我抱定这样的态度，那么一切都将变得无比美好。

　　我永远沐浴在热情的光影中。

　　在那耀眼的光线中，我第一次睁开了眼睛。在那些无聊的岁月中，我生命中一切美好的东西都隐藏起来，现在它们一一展现在我的眼前。恋爱中的人，往往比别人目光更敏锐，感觉更细致，能够看到别人熟视无睹的美德和魅力。我也如此，充满热情，更具洞察力，视野更开阔，能够看到别人无法识别的美丽和魅力，它们可以补偿大量的苦差、贫困、困难，甚至迫害。有了热情，我无论处于什么样的环境，都可能有所作为。我也会偶尔迷惘困惑，正像发生在所有天才身上的一样，那时我会迷途知返，使自己继续前行。

我永远沐浴在热情的光影中。

当我意识到我所拥有的这种伟大力量可以改变我的一切乃至整个生命时，我感到多么振奋啊！这种力量原本就存在于很多人的身上，只是他们自己并不知道，不知道他们可以用这种神奇的力量改变自己，我为他们感到深深的悲哀。

我将日历翻回，像年轻人一样生活，他们有不可抗拒的魅力，热情洋溢，像高山上的泉水。年轻人的眼中，没有黑暗的前途，没有无处可逃的陷阱。他们忘记了世界上还有一种叫作失败的东西，他们深信不疑的是：世界等待他们的到来，等待他们点燃真理、热情与美丽的火种。

今天我高高地举起蜡烛，在烛光中向每一个人绽出笑容。

我永远沐浴在热情的光影中。

《羊皮卷》成功智慧

坚持每天进步一点点

人人都可以成功，只是成功的方法与途径各有差异，但有一点是所有成功者所共有的，那就是坚持不懈、百折不挠的进取心与奋斗精神。因为，只有坚持才能使你一点点地进步，直到抵达成功的彼岸！

虽说"有梦就有希望"，但是光有目标还不够，在奔向成功的道路上，每个人都要有"用一生追赶太阳"的气魄，或者说心理准备。

这样，即使在"追日"的过程中出现干扰与阻力，你也可以凭着信念让自己坚强起来，坚持自己的人生准则，并竭尽全力去实现自己的梦想，直到获得成功。

无数成功者的经历表明，成功必须顽强拼搏。只有勤于奋斗、敢于拼搏，你才能扬起命运的风帆，到达成功的彼岸。没有一个人在前行的道路上是一帆风顺的，如果你只梦想着不付出劳动，不花费丁点儿气力就能获得成功，那么这个设想就只能永远停留在梦想的境地。

说来说去，归结起来就只有一句话，那就是——艰苦奋斗、百折不挠的精神，这是每位追求成功的人都应具备的品质。

有抱负有志气的人必须脚踏实地，想要成功就要付出代价。除了艰苦奋斗外，还要敢于面对失败。因为，失败是成功的奠基石，每一位成功人士的背后都隐含了无数次的失败。

人生不是坦途，而是一条充满了挫折和失败的道路。假如没有失败，人类就不会有进步，不会前进。每个人都会在一生中面对多次的失败，失败虽然令人沮丧，但它却能磨炼人的意志，让人头脑清醒地接受新的挑战。如果你正视失败，在面对失败时，能够意志顽强，经得起失败的考验，那么你就会因为不停地进取而抓住成功的机遇。

有人曾问爱迪生，在制造电灯泡时，失败了那么多次，为什么还要试验。爱迪生回答道："失败？我可没有失败，我现在已经知道了六千种行不通的办法。"

爱迪生对于成功与失败的心胸以及他的奋斗精神，正是我们学习的最好楷模！人生好比旅行，辛劳和磨难就是我们必须付出的旅费。就像世上没有免费的午餐那样，任何收获都需要你有相应的付出。一个人要想领略美好的景色，就要登上山之巅、海之涯。而在这攀登、前行的过程中，需要有优秀的品质做保障，需要有顽强、执着和勇猛向前的意志做动力。

每个不停进取的人都明白，进取有助于发掘你的内在潜力，激发你的内在动力，从而促使你不断地追求成功，使你不囿于世俗，不畏惧权势，不害怕险阻，浑身上下都有使不完的劲，能够不停地向前奔走。

谁都希望成功。因为成功不但给你增加信心，还能提高你的能力素质，但这些是需要艰苦奋斗才能够得到的。综观古今中外，没有一个成功者不是遵照此条原则而获取成功的。当然不同的时代，艰苦奋斗的内涵也有所不同。成功离不开艰苦奋斗，只有通过艰苦奋斗才能促成成功。

"书读百遍，其义自见""头悬梁，锥刺股"，这些都是古人的经验。而在市场经济的竞争中，成功人士不但要不屈不挠地苦干，还要承担风险。工作越苦，风险越大，收获就越多，成功的概率也就越高。你如果想了解艰苦奋斗与成功的真谛，就要提高自己的能力和素质，不停地学习新东西，不断地奋斗，进取不止。只要这样做了，你才会看到成功在向你招手。

为了成功，我们上路！不过，出发之前，我们不妨和成功下个约定——不见不散！

坚持到底才能取得胜利

坚持到底才会取得胜利！正是因为有了恒心与忍耐力，人类才登上月球，实现走出地球、飞向太空的梦想。正是因为有了恒心与忍耐力，人类才夷平了地球上的各种障碍，建起人类居住的共同家园。恒心与忍耐力让天才在大理石上刻下了精美的诗篇，在画布上留下了大自然恢宏的缩影；恒心与忍耐力创造了纺锤，发明了飞梭；恒心与忍耐力使汽车代替了骡马，装载着货物翻山越岭，弹指一挥间在天南地北往来穿梭；恒心与忍耐力让白帆遍布海上，使海洋向无数民族开放，让每一片水域都有了水手的身影，每一座荒岛都有了探险者的足迹。恒心与忍耐力还把对大自然的研究分成了许多学科——探索自然的法则，预言其景象的变化，开拓没有垦殖的土地……

滴水可以穿石，锯绳可以断木。如果三心二意，哪怕是天才，终有疲惫厌倦之时；只有仰仗恒心，积累点滴，才能看到成功之日。勤快的人方能笑到最后，耐跑的马才会千里奔驰。

在向成功之巅攀登的路途中，我们必须记住：梯子上的每一级横梁放在那里是让我们搁脚的，是让我们向更高处攀爬的，而不是用来让我们休息的。

我们常常又累又乏，但举重冠军詹姆士·J.柯伯特却常说："再奋斗一回，你就成了冠军。事情越来越艰难，但你仍需再努把力。"

威廉·詹姆士曾说："在失败之后，我们不仅要重整旗鼓，而且还要做第3次、第4次、第5次、第6次，甚至是第7次的努力。在每个人体内都有巨大的储备力量，但除非你明白并坚持开发使用，否则它是毫无意义的。"

许多人做事情，起初都能够付诸行动，但是，随着时间的推移、难度的增加，以及气力的耗费，大多数人便开始产生松懈思想和畏难情绪，接着便停滞不前以至退避三舍，最后放弃了努力。

人之所以常常会浅尝辄止、半途而废，主要原因是人天生就有一种难以摆脱的惰性。当他在前进的道路上遇到障碍和挫折时，便会灰心丧气和畏缩不前。

中国古代大哲人荀子说："骐骥一跃，不能十步；驽马十驾，功在不舍。"这正充分地说明了坚持的重要性。骏马虽然比较强壮，腿力比较强健，然而它只跳一下，最多也不能超过 10 步，这就是不坚持所造成的后果；相反，一匹劣马虽然不如骏马强壮，但它若能坚持不懈地接连走 10 天，照样能走得很远，它的成功在于走个不停，即坚持不懈。

著名作家杰克·伦敦的成功也是建立在坚持之上的。他在学习写作时坚持把好的字句抄在纸片上，有的插在镜子缝里，有的别在晒衣绳上，有的放在衣袋里，以便随时记诵。他终于成功了，成为文学界的一代名人，然而他所付出的代价也比其他人要多好几倍，甚至几十倍，坚持也是他成功的保障。

成功的到来，总是需要时间的，因此坚持就显得极其重要了。有的人成功，就因为他比别人多坚持了一下；另一些人失败，也只是因为他没能坚持到最后。

在遇到困难时，更要坚持，就像比阿斯说的："要从容地着手去做一件事，一开始就要下决心坚持到底。"所有的成功者都证明：是坚持成就了人生的辉煌。

20 世纪 70 年代是世界重量级拳击史上英雄辈出的年代。4 年多未上拳坛的拳王阿里此时体重已超过正常体重 9 公斤，速度和耐力也已大不如前，医生给他的运动生涯判了"死刑"。然而，阿里坚信"精神才是拳击手比赛的支柱"，他凭着顽强的毅力重返拳坛。

1975 年 9 月 30 日，33 岁的阿里与另一拳坛猛将弗雷泽进行第三次较量（前两次一胜一负）。在比赛进行到第 14 回合时，阿里已精疲力竭，濒临崩溃的边缘，这时候一片羽毛落在他身上似乎都能让他轰然倒地，他几乎再无丝毫力气迎战第 15 个回合了。然而他拼命坚持着，不肯放弃。他心里清楚，对方和自己一样，也是只有出气的力了。比到这个地步，与其说在比气力，不如说在比毅力，就看谁能比对方多坚持一会儿了。他知道此时如果在精神上压倒对方，就有胜出的可能。于是他竭力保持着坚毅的表情和誓不低头的气势，双目如电，令弗雷泽不寒而栗，以为阿里仍有着充裕的体力。这时，阿里的教练敏锐地发现弗雷泽已有放弃的意思，他将此信息传递给阿里，并鼓励阿里再坚持一下。阿里精神一振，更加顽强地坚持住。果然，弗雷泽表示认输，甘拜下风。裁判当即高举起阿里的手臂，宣布阿里获胜。这时，保住了拳王称号的阿里还未走到台中央便眼前一片漆黑，双腿无力地跪在了地上。弗雷泽见此情景，如遭雷击，他追悔莫及，并为此抱憾终生。

其实，当你已经下定决心为自己的目标奋斗下去时，就连艰辛的付出也会变得让人心旷神怡。但如果只是浅尝辄止，畏惧退缩，你所能得到的只能是一连串的沮丧和失意。最后，你甚至会失去生活和工作的乐趣。

我们都知道"愚公移山"的故事，但近来很多人却说什么"愚公真愚"，认为"愚公精神"不应提倡。他们的理由是：如果不是两位大仙帮忙，而真靠人力去搬山，把几代人的生命都耗在未来不可知的事情上又有什么意义呢？乍一听，这话似乎很有道理，生命何其短暂，干吗把一生都耗在一件没有把握的事上呢？可是稍微推敲一下，就可以看出此论的漏洞。

想当初，如果刘备没有愚公的那点"傻劲"，没有几次三番地跑到诸葛亮的茅草屋请求诸葛亮出山，一个只想在乱世里平安度日的诸葛亮又怎么会跑去做刘备的智囊呢？也正是愚公的精神才感动两位大仙去搬山的。

卡耐基曾说过："朝着一定目标走去是'坚'，一鼓作气地在途中决不停止是'持'。一切事业的成败都取决于此。"所以如果你真想达到预期目标，就要遇事坚持到底。无数事实证明，能够抓住机会的人，就是能够坚持到底的人。

许多人之所以没有收获，主要原因就是在最需要下大力气、花大工夫、毫不懈怠地坚持下去时，却停止了努力。省力倒是省力，成功却从此与他无缘。

平庸的人和杰出的人，一个重要的不同之处就是能不能坚持。坚持下去就是胜利，半途而废则前功尽弃。

失败者的悲剧，就在于被前进道路上的迷雾遮住了眼睛，他们不懂得忍耐一下，不懂得再跨前一步就会豁然开朗，结果在胜利到来之前的那一刻，自己打败了自己，因而也就失去了应有的荣誉。

成功在于再坚持一分钟

成功源于坚持。胜利的获得者，往往是能比别人多坚持一分钟的人。卡耐基在被问及成功秘诀的时候说道："假使成功只有一个秘诀的话，那应该是坚持。"

过去行的，现在不一定能行；过去不行的，现在也许就行。任何人，任何事都是从不行到行，只有难易的不同。停止努力了，行的也变为不行了；继续努力，不行的就变为行了。成功的秘诀其实可以归结为两个字，那就是"坚持"！

伟大的巴顿将军在第二次世界大战后的一次聚会上说起一段经历：当巴顿从西点军校毕业后，即入伍接受军事训练。团长在射击场告诉他打靶的意义在于，哪怕你打偏了99颗子弹，只要有1颗子弹射中靶心，你就会享受到成功的喜悦。

对于实战经验不多的新兵来说，想要枪枪命中靶心是困难的，然而，当巴顿靶位旁的空子弹壳越来越多时，他已成了富有射击经验的老兵。

战争爆发后，巴顿将军奔波于各个战场，没有安稳感，他一度对生活产生了疑问，觉得自己像一架战争机器，不知道战争究竟要到何年何月才是尽头。但这一切持续了不到7年。这7年里，由于倔犟刚烈的个性，巴顿将军所经历的挫折、失意，曾经那么锋利地一次次伤害过他，令他消沉，如今他才明白，它们只不过是那一大堆空子弹壳。

生活的意义，不在于你是否在经受挫折和磨炼，也不在于要经受多少挫折和磨炼，而在于坚持不懈。经受挫折和磨炼是"射击"，瞄准成功的机会也是射击，但是只有经历了99颗子弹的铺垫，才会有一枪击中靶心的结果。

只要坚持到底，就一定会成功，人生唯一的失败，就是当你选择放弃的时候。因此，当处于困境时，你应该继续坚持下去，只要你所做的是对的，总有一天成功的大门将为你而开。

美国华盛顿山的一块岩石上，竖立着一个标牌，告诉后来的登山者，那里曾经是一个女登山者死去的地方。她当时正在寻觅的庇护所——"登山小食"，只距她100米而已，如果她能多撑100米，她就能活下去。

这个事例提醒人们，倒下之前必须再撑一会儿。胜利者，往往是能比别人多坚持一分钟的人。一个人即使精疲力尽，仍然会保留有一点点精力，会利用那一点点最后精力的人就是成功者。

往往，再多付出一点努力和坚持，便会收获意想不到的成功。以前做出的种种努力、付出的艰辛便不会白费。令人感到遗憾和悲哀的是，面对一而再，再而三的失败，多数人选择了放弃，没有再给自己一次机会。

大家都知道电话是贝尔发明的。其实发明电话的大量工作都是其他科学家完成的，贝尔所做的仅仅是将电话中的一个螺母转动了1/4周。为此他们打了一场著名的官司。法院最后将电话的发明权判给了贝尔。法官认为，虽然其他科学家做了大量工作，但他们认为电话不实用，而最终放弃了。可贝尔没有放弃，他将螺母转动了1/4周，改变了电流幅度，使电话有了实际用途，所以电话的发明权应属于贝尔。其他科学家的失败距离整体的成功缺少了多大一部分呢？仅仅只是将一个螺母转1/4周。

美国第16任总统林肯曾说："我成功过，我失败过，但我从未放弃过。"

坚持不仅是一个人具有强大心力的表现，更是一个人成就事业的必要条件。成功的人和不成功的人，首要差别不在天赋，而在于坚持力。历史上很多获得成功的人，都有一个共同的特点，那就是坚持到底、矢志不渝。司马迁写《史记》，坚持了15年；司马光写《资治通鉴》，坚持了19年；达尔文写《物种起源》，坚持了20年；李时珍写《本草纲目》，坚持了27年；马克思写《资本论》，坚持了40年；歌德写《浮士德》，坚持了60年。但是最终他们都取得了人生的辉煌成就。因此，在生活中我们要学会坚持，不要轻易放弃！

"水滴石穿，绳锯木断"，这个道理恐怕每个人都懂得。为什么涓涓细小的水能把坚硬的石头滴穿，柔软的绳子能把硬邦邦的木头锯断？其实这正是坚持的力量。一滴水是微不足道的，然而许多滴水坚持不断地冲击石头，就能形成巨大的力量，最终把石头滴穿。绳锯木断也是同样的道理。功到自然成，只要能克服困难，坚持不懈地努力，那么，成功就在眼前。

英国物理学家布拉格，小时候家里很穷，凭借着自己对科学梦想的不懈追求，通过顽强的努力，终于取得了很大的成就。而他曾经历的那段贫穷的岁月，成为日后激励他前进的动力。

他在学校读书时，家里经济条件太差，父母无法给他买好看的衣服和舒适的鞋子，他常常衣衫褴褛，拖着一双与他的脚很不相称的破旧皮鞋。但年幼的布拉格从不曾因为贫穷而感觉低人一等，更没有埋怨过家人不能给自己提供优越的生活条件。那一双过大的皮鞋穿在他的脚上看起来十分可笑，但他却并不因此自卑。相反，他无比珍视这双鞋，因为它们可以带给他无限的动力。

原来这双鞋是他父亲寄给他的。家里穷，不能给他添置一双舒服、结实的鞋子，即便这一双旧皮鞋，还是父亲省下来的。尽管父亲充满愧疚之情，但他仍对儿子有殷切的希望，并给儿子有力的鼓励和强大的情感支持。父亲在给他的信中这样写道："……儿呀，真抱歉，但愿再过一两年，我的那双皮鞋，你穿在脚上不再大。……我抱着这样的希望，你一旦有了成就，我将引以为荣，因为我的儿子是穿着我的破皮鞋努力奋斗成功的。……"这封寓意深刻、充满期望的信，一直像一股无形的力量推着布拉格在科学的崎岖山路上，踏着荆棘前进。

坚持是一种强大有力的品格，是一种矢志不渝的信念。一个奋力成功的人，无论是致力于获取财富，还是在某一领域想成为顶尖高手，和那些没有成功理想的人相比，最根本的差别就在于争取成功的人永不放弃、永不言败，具有坚持到底的意志和信心。无论有多大的障碍和挫折，他们都不会轻言放弃。

1968 年，时年 30 岁的约翰·斯蒂芬·阿赫瓦里，作为刚刚独立不久的坦桑尼亚代表团的 5 名运动员之一，来到了墨西哥城，参加马拉松项目比赛。虽然在那之前他曾经取得过国际马拉松赛第二名的好成绩，但是这一次由于高原反应和气候不适，他一直没有达到最好的运动状态。在比赛进行到 19 千米（即入城的一半处）时，他的腿部严重拉伤。医务人员替他进行了简单的包扎后劝他放弃比赛，他却坚持向前跑去。其他的运动员一个接一个地超越了他……最终他比冠军"迟到"了一个多小时。当他一个人脚步蹒跚着在夜幕中进入体育场时，颁奖典礼都已经结束了，在场的工作人员和观众给予了他最热烈的掌声。著名奥运官方导演格林斯潘把这一时刻选入了《奥运历史上最激动人心的 100 个时刻》之一。

阿赫瓦里的行为体现的是一种奥运精神！但它更是一种对待机会、对待生活或者说对待生命的态度，一种值得赞赏和学习的精神——坚持，不要轻易放弃！

胜利贵在坚持，要取得胜利就要坚持不懈地努力，往往在饱尝了许多次失败之后才能成功，即所谓"失败乃成功之母"，成功也就是胜利的标志，也可以这样说：坚持就是胜利。

正如龟兔赛跑，兔子腿长跑起来比乌龟快得多，照理说，也应该是兔子赢得这场比赛，然而结果恰恰相反，乌龟却赢得了这场比赛，是什么缘故呢？这正是因为兔子不坚持到底，它自认为腿长，跑得快，似乎可以稳操胜券，跑了一会儿就在路边睡大觉。然而乌龟则不同，它没有因为自己的腿短，爬得慢而气馁，反而，更加锲而不舍地坚持爬到底。坚持就是胜利，乌龟胜利了，最终赢得了比赛。

巴拉尼小时候因病致残，母亲的心就像刀绞一样，但她还是强忍住自己的悲痛。她想，孩子现在最需要的是鼓励和帮助，而不是妈妈的眼泪。母亲来到巴拉尼的病床前，拉着他的手说："孩子，妈妈相信你是个有志气的人，希望你能用自己的双腿，在人生的道路上勇敢地走下去！好巴雷尼，你能够答应妈妈吗？"母亲的话，像铁锤一样撞击着巴拉尼的心扉，他"哇"的一声，扑到母亲怀里大哭起来。从那以后，妈妈只要一有空，就帮巴拉尼练习走路，做体操，常常累得满头大汗。有一次妈妈得了重感冒，她想，做母亲的不仅要言传，还要身教。尽管发着高烧，她还是下床按计划帮助巴拉尼练习走路。黄豆般的汗水从妈妈的脸上淌下来，她用干毛巾擦擦，咬紧牙，硬是帮巴拉尼完成了当天的锻炼计划。体育锻炼弥补了由于残疾带给巴拉尼的不便。母亲的榜样作用，更是深深教育了巴拉尼，他终于经受住了命运的严酷打击。他刻苦学习，学习成绩一直在班上名列前茅。最后，以优异的成绩考进了维也纳大学医学院。大学毕业后，巴拉尼以全部精力，致力于耳科神经学的研究。最后，终于登上了诺贝尔生理学或医学奖的领奖台。

任何成功都需要坚持并付出努力才能获得。在完成一件艰巨的工作时，面对困难，一定不要放弃，因为坚持的下一步才可能就是成功！

霍华德·卡特，第一位发掘图坦卡蒙法老坟墓的人。正是因为他的坚持，才有了今天开罗博物馆珍藏墓中的那些贵重文物。那是1922年的冬天，卡特几乎放弃了可以找到法老坟墓的希望，他的赞助者也即将取消资助。卡特在自传中写道："这将是我们待在山谷中的最后一季，我们已经挖掘了整整6个季度了，春去秋来毫无所获。我们一鼓作气工作了好几个月却什么也没有发现，只有挖掘者才能体会这种彻底的绝望；我们几乎已经认定自己被打败了，正准备离开山谷到别的地方碰碰运气。然而，要不是我那最后的一锤，我们永远也不会发现，这些超出我们梦想所及的宝藏。"

卡特最后一锤的努力成为全世界的头条新闻，这一锤使他发现了近代唯一一座完整的法老坟墓。由此我们可以看出，做大事，不可轻言放弃，要懂得坚持，坚持就是胜利，坚持就会成功！

在成功的道路上，永远没有失败。所以无论何时，我们都应该信心百倍地去全力争取人生的幸福和获得最后成功的机人，要永远激励自己：离成功只有 100 米了，只要再多一分钟的坚持，就能取得胜利！

面对困境更要坚持不懈

困境中更要坚持不懈！在困境中坚持不懈是一种即使面临失败、挫折仍然继续拼搏的勇气和能力。我们常常观察到，那些能正确对待逆境的人，诸如销售人员、军人、学生和运动员，他们能从失败中恢复信心和力量并继续坚持前进，而那些遇到逆境不能正确对待的人（低逆商者）则常常会轻易放弃。

有一位推销员，为一家公司推销日用品。一天，他走进一家小商店，看到店主正忙着扫地，他便热情地伸出手，向店主介绍和展示公司的产品，但是对方却毫无反应，很冷漠地看着他。这位推销员一点也不气馁，又主动打开所有的样品向店主推销。他认为，凭自己的努力和推销技巧一定会说服店主购买他的产品。但是，出乎意料的是，那个店主却暴跳如雷地用扫帚把他赶出店门，并扬言："如果再见到你来，就打断你的腿！"

面对这种情形，推销员并没有愤怒和感情用事，他决心查出这个人如此愤怒的原因。于是，他多方打听弄明白了事情的真相。原来，在他们公司以前的一位推销员推销的产品根本卖不出去，造成产品积压，占用了许多资金。店主正发愁如何处置呢。

　　了解到这些情况后，推销员开始疏通各种渠道，重新做了安排，使一位大客户以成本价买下店主的存货。不用说，此后他受到了店主的热烈欢迎。

　　这个推销员面对被扫地出门的处境，依然充分发挥自己的坚持精神，同时不断寻找突破逆境的途径，这正是高逆商者的表现。

　　克尔曾是一家报社的职员。他刚到报社当广告业务员时，对自己充满了信心，甚至向经理提出"不要薪水，只按广告费抽取佣金"。经理答应了他的请求。

　　开始工作后，他列出一份名单，准备去拜访一些特别的重要客户，公司其他业务员都认为想要争取这些客户简直是天方夜谭。在拜访这些客户前，克尔把自己关在屋里，站在镜子前，把名单上的客户念了10遍，然后对自己说："在本月之前，你们将向我购买广告版面。"

　　之后，他怀着坚定的信心去拜访客户。第一天，他以自己的努力和智慧与20个"不可能的"客户中的3个谈成了交易；在第一个月的其余几天，他又成交了两笔交易；到第一个月的月底，20个客户中只有一个还不买他的广告版面。

　　尽管取得了令人意想不到的成绩，但克尔依然锲而不舍，坚持要把最后一个客户也争取过来。第二个月，克尔没有去发掘新客户，每天早晨，那个拒绝买他广告的客户的商店一开门，他就进去劝说这个商人做广告。而每天早晨，这位商人都回答："不!"每一次克尔都假装没听到，然后继续前去拜访。到那个月的最后一天，对克尔已经连着说了许多天"不"的商人口气缓和了些："你已经浪费了一个月的时间来请求我买你的广告了，我现在想知道的是，你为什么坚持这样做。"

克尔说："我并没浪费时间，我在上学，而你就是我的老师，我一直训练自己在逆境中的坚持精神。"那位商人点点头，接着克尔的话说："我也要向你承认，我也等于在上学，而你就是我的老师。你已经教会了我'坚持到底'这一课，对我来说，这比金钱更有价值。为了向你表示我的感激，我要买你的一个广告版面，当作我付给你的学费。"

克尔完全凭着自己在挫折中的坚持精神达到了目标。在生活和事业中，我们往往因为缺少这种坚持精神而与成功失之交臂。你可能有这种经历：在半梦半醒之间，常常隐约觉得自己被压迫得快要喘不过气来了。你没办法翻身，也动弹不得。但是在潜意识中，你觉得必须控制自己的肌肉筋骨才能摆脱困境。借助于意志力和不懈的努力，终于可以挪动一个手指了。之后，如果继续挪动你的手腕，就可以控制整个手臂肌肉并把手抬起来。然后你用同样的方法控制了另一只手臂和另一条腿的肌肉，逐渐延展到全身。于是，意志力重新让你回到了对肌肉系统的控制，使你从梦中迅速恢复过来。

我们很容易从梦境中挣扎出来，但却无法一下子从人生的困境中解脱出来。实际上，让自己从软弱无力的精神状态中慢慢起步，渐渐加速，直到完全控制自己的意志，与梦醒的过程极其相似。

意志力坚强的人懂得培养自己的恒心和毅力，并将它变成一种习惯，无论遭受多少挫折，仍坚持朝成功的顶端迈进，直至抵达为止。

经得起考验的高逆商者，常常以其恒心耐力获益甚丰。作为吃苦耐劳、坚韧不拔的补偿，不论他们所追求的是什么目的，都能如愿以偿。他们还将得到比物质报酬更重要的经验："每一次失败都伴随着一颗同等利益的成功种子。"

当我们对众多成功人士进行考察时，发现那些大公司经理、政府高级官员以及每一行业的知名人士，大都来自清贫的家庭、破碎的家庭、偏僻的乡村，甚至贫民窟。他们之所以能成为社会知名人士和领导人物，是与他们经历过艰难困苦，具有很强的挫折承受能力分不开的。

将成功者和失败者进行比较，他们的年龄、能力、社会背景、国籍等种种方面都很可能相似，但是有一点不同，那就是对遭遇挫折的反应不同。低逆商者跌倒时，往往无法爬起来，甚至会跪在地上，以免再次遭受打击；而高逆商者的反应则完全不同，他们被打倒时，会立即反弹起来，并充分吸取失败的教训，继续往前冲刺。低逆商者的忧虑及失败感使他们精神难以集中，绝望的心情也可能会使他们采取放弃及逃避斗争的态度，不能在奋斗中体验满足，所以缺乏克服困难的持久力。高逆商者却能从挑战中获得满足感，所以更能自发持久地面对困难。

伟大的发明家托马斯·爱迪生，对于人生中的挫折抱着罕见的不放弃精神，使他创造了非凡的成就。在电灯发明的过程中，在其他人因为失败而感到心灰意冷时，他却将每一次失败都视为又减少了一个不可行的方法，因而确信自己向成功又迈进一步。

生命里程中永远存在着的障碍，不会因为你的忽视而消失。当你因为某件事受到挫折时，不妨想想爱迪生在给整个世界带来光明前，那一次次的失败。爱迪生的坚韧不拔在于他知道有价值的事物是不会轻易取得的，如果真的那么简单，岂不人人皆可做到！正是因为他能坚持到一般人认为早该放弃的时候，才会发明出许多当时科学家想都不敢想的东西。

英国首相丘吉尔不仅是一名杰出的政治家，而且是一个著名的演讲家，他十分推崇面对逆境坚持不懈的精神。他生命中的最后一次演讲是在一所大学的结业典礼上，演讲的全过程大概持续了20分钟，但是在那20分钟内，他只讲了两句话，而且都是相同的：坚持到底，永不放弃！坚持到底，永不放弃！

这场演讲是成功学演讲史上的经典之举。丘吉尔用他一生的成功经验告诉人们：成功根本没有什么秘诀可言，如果真有的话，就是两个：第一个就是坚持到底，永不放弃；第二个就是当你想放弃的时候，回过头来看看第一个秘诀：坚持到底，永不放弃。

敏锐的观察力、果断的行动和坚持的毅力是成功必须具备的要素。你可能用敏锐的目光发现了机遇，同时也能用果断的行动抓住机遇，但是最后还需要用坚持的毅力把机遇变成真正的成功。

在成功过程中持久的毅力非常重要，面对挫折时，要告戒自己：坚持，再来一次。因为这一次失败已经过去，下一次才是成功的开始。人生的过程都是一样的，跌倒了，爬起来。只是成功者跌倒的次数比爬起来的次数要少一次，平庸者跌倒的次数比爬起来的次数多了一次而已。最后一次爬起来的人为成功者，最后一次爬不起来或者不愿爬起来、丧失坚持毅力的人，就是失败者。

缺乏恒心是大多数人最后失败的根源，一切领域中的重大成就无不与坚忍的品质有关。成功更多依赖的是一个人在逆境中的恒心与忍耐力，而不是天赋与才华。布尔沃说："恒心与忍耐力是征服者的灵魂，它是人类反抗命运、个人反抗世界、灵魂反抗物质的最有力支持。"

一分耕耘，一分收获

俗话说："一分耕耘，一分收获"。一个人的成功有多种因素，环境、机遇、学识等外部因素固然都很重要，但更重要的是自身的努力与勤奋。缺少勤奋这一重要的基础，哪怕是天赋异禀的鹰也只能栖于树上，望塔兴叹。而有了勤奋和努力，即便是行动迟缓的蜗牛也能雄踞塔顶，观千山幕雪，望万里层云。

懒惰的人往往花费很多精力想方设法来逃避工作，却不愿花相同的精力努力完成工作。他们以为骗得过老板。其实，这种做法完全是在愚弄自己。勤奋真的很难吗？不，勤奋不是天生的，而是培养出来的习惯。

大凡有所作为的人，无不与勤奋的习惯有着一定的关联。我们知道，"将勤补拙"是李嘉诚的一条重要的人生准则，也是他成功的经验之一。曾经有记者询问过李嘉诚的推销诀窍。李嘉诚不予正面回答，却讲了一个故事。

日本"推销之神"原一平在69岁时的一次演讲会上，被问及推销成功的秘诀时，他当场脱掉鞋袜，将提问者请上台说："请您摸摸我的脚板。"提问者摸了摸，十分惊讶地说："您脚底的老茧好厚哇！"原一平接过话头说："因为我走的路比别人多，跑得比别人勤，所以脚茧特别厚。"

提问者略一沉思，顿然感悟。

李嘉诚讲完故事后，微笑着自谦地对记者说："我没有资格让你来摸我的脚底，但我可以告诉你，我脚底的老茧也很厚。"

当年，李嘉诚每天都要背着一个装有样品的大包从公司出发，马不停蹄地走街穿巷，从西营盘到上环再到中环，然后坐渡轮到九龙半岛的尖沙咀、油麻地。

李嘉诚说："别人做8个小时，我就做16个小时，起初别无他法，只能将勤补拙。"

李嘉诚早先在茶楼当跑堂，拎着大茶壶，一天十多个小时来回跑。后来当推销员，依然是背着大包一天走十多个小时的路。

李嘉诚的脚板未必没有原一平的厚。这脚板上的老茧分明写着一个字：勤！

无独有偶，远大总裁张剑从创业到成功始终依靠自己的辛勤工作。他建立了远大企业后，就把辛勤耕耘的理念融入远大的企业文化中。"远大"有自己的文化体系，而这个文化体系需要的理念支撑就是：以辛勤原则为中心和视品牌为生命。视品牌为生命好理解，但是我们又怎么去理解以辛勤原则为中心呢？这个"原则"是什么呢？

副总裁张跃认为："这两者是一致的，因为辛勤原则是不能改变的，只是有一些人不去尊重它。要知道，只有服务工作做得非常好，让你服务的对象非常满意，你才会有收益。我们是搞工业的，那我们的工业产品就要做得非常好，之后我们的工业产品的消费者才会非常满意。所谓"原则"——自然法则，就是说必须要有很好的种子，有人的辛勤耕耘过程，才会有很好的收获，而且你的付出必须都在收获之前，这都是一些原则；你要把这些原则把握好，不要指望侥幸，不要指望去逾越自然法则。或者说先收获后耕耘，这是不可能的；或者说只收获不耕耘，这是更不可能的了。当然在这个辛勤原则之上，我们还有一个很好的价值观，以这个辛勤原则为基础，这个价值观是各有不同的，我认为价值观可能会决定一个企业是不是可以发展得更好，但是违背原则是根本不可能生存下来的。而价值观的好或坏决定着你能不能生存得更好。作为一个人也好，作为一个团体也好，重要的是要稳定，但作为一个企业家来说一定要非常清醒。我觉得作为一个企业家，如果确定了企业价值观之后就好办了，其他事情就是个人的工作方法问题，真的很难说哪种更好。

像我这样希望一切都能加以控制也许很好，像某些人那样子，一切
事情只相信结果，把架构搭起来，一天开两次会，他相信会有好的
结果，也许会有好的结果，因为他下面还有人帮助他控制。所以这
种处事方法就比较次要一些。"

张剑兄弟对辛勤有正确的认识，他们正是通过贯彻辛勤工作的
原则，才获得成功的。

如果你永远保持勤奋的工作状态，你就会得到他人的认可和称
赞，同时也会脱颖而出，得到成功的机会。勤奋的工作，你必然会
得到收益；做一个勤奋的人，阳光每一天的第一个吻，肯定先落在
你的脸颊上。没有人能只依靠天分成功。上帝给予了天分，勤奋将
天分变为天才。世界上能登上金字塔塔顶的生物只有两种，一种是
鹰，另一种是蜗牛。且不说天资奇佳的鹰，就说那资质平庸的蜗牛，
我们再熟悉不过蜗牛的慢吞吞了，它之所以能登上塔尖领略"一览
众山小"的风采，离不开两个字——勤奋。

相信困难终会过去

西方谚语说："成功者都是咬紧牙关让死神害怕的人"。所以，
我们要像成功者那样，咬紧牙关，别松口。如果连死神都害怕，那
么失败和挫折就不算什么了。在困难面前，我们要始终相信：困难
终会过去！

有一位只活了48岁的作家，从小严重瘫痪，只有一只左脚可
以勉强活动，但是他就是凭着这只左脚写出了自传体小说《我的左
脚》，这位作家就是爱尔兰的克里斯蒂·布朗。

克里斯蒂·布朗的一生是忍耐的一生，是挑战的一生。1933年
他出生时，就患了严重的小儿麻痹症。一直到5岁，小布朗还不会
说话，头部、身躯、四肢也都不能活动，父母带着他四处求医，可情

况始终没有什么好转。最后连家里人也失去了信心，认为他可能要这样过一辈子了。

此时的布朗毫无意识，直到有一天，躺在床上的小布朗看到妹妹扔下的彩笔，他忽然伸出了唯一能动的左脚把彩笔夹了起来，在墙上乱画起来。他画得正起劲的时候，母亲走进来，高兴地惊叫："他的左脚还能活动！"

母亲没放过这个微弱的暗示，她坚信只要小布朗的脚能活动，他就应该能做许多事情。于是，她便开始教布朗写字，没想到，第一天，布朗就能用脚写出3个英文字母。很快，他就能把26个英文字母按顺序写下来。这令全家人感到异常高兴。母亲不仅让他学写字，还让他看书，为他买来儿童读物和世界名著。布朗对书产生了浓厚的兴趣，如饥似渴地阅读着。

也许是布朗受母亲坚强的感染，也许是上天可怜这对苦苦挣扎的母子，总之，一段时间以后，小布朗竟然能慢慢地说话了。后来，他向妈妈提出，他想要写信，做读书笔记，还想自己写点什么。母亲有些为难，只有左脚能活动，怎么写呢？小布朗说："我可以用脚打字呀。"他将自己的左脚高高抬起，大声地宣布："我要用它写，我要成为全世界第一个用脚趾打字的人！"此时的小布朗已经有了忍耐的能力，已经有了挑战挫折的勇气。

母亲也看到了布朗的希望，她相信：总有一天，布朗会以自己的方式独立生存。母亲想方设法替儿子买来了一台旧打字机。布朗把打字机放在地上，自己半躺在一把高椅上，用左脚按动键钮。刚开始，由于脚趾掌握不好打字的力度，布朗打出的字模糊不清，纸也被打烂。但布朗一点也不灰心，他像着迷一样，仍然疯狂地练习，不管是炎热的夏天，还是寒冷的冬天，布朗都不曾停止练习。累了，就用左脚趾夹着笔画画。年深日久，布朗的左脚趾长出了厚厚的茧子。功夫不负有心人，终于，他打出了力度适中、清清楚楚的字，而且还能熟练地给打字机上纸、退纸，还能用左脚趾整理稿件。

打字并不是布朗的最终目标，当学会打字之后，他决心向高峰攀登，那就是写作。他把自己想写一部小说的想法告诉了母亲，这一次，母亲犹豫了。母亲知道儿子是个有决心、有毅力的人，她也理解儿子的心情，可她知道写作比学习打字不知要难上多少倍，她担心儿子一旦失败会产生心灵上的创伤，她不想让这个可怜的孩子再受任何伤害，平添一些痛苦。另外，她也觉得，儿子还是小孩子，没有多少生活阅历，有什么可写的呢？于是她劝慰儿子："孩子，你有雄心壮志，妈妈很高兴。但是，人生的道路很曲折，不像你想得那么简单，万一失败了怎么办呢？我看你还是好好休养，读读书，画画图图，玩玩打字机就行了，不要想得太多了。你现在年纪还小，等以后再说吧！"

这是一位慈祥的母亲，她害怕小布朗受到伤害，然而布朗却异常坚定，他对母亲说："这么多年，我已经忍过来了。妈妈，人活着就应该有所追求，不是吗？我虽然是一个残疾人，已经失去了生活的许多乐趣，但是我不能失去自己的梦想。我要让别人看到，我不是一个包袱，不是一个多余的人。"母亲惊异于布朗的坚忍与成熟，于是就全力支持他。

布朗躺在床上，静静地回忆着自己的不幸和坎坷经历，决定把自己的经历写下来，告诉那些在不幸中苦苦挣扎的人，告诉那些和他一样的残疾人，要坚强起来，不要屈服于苦难的命运。

这种沉重的苦难浸润了布朗的身心，却也积淀了布朗奋起的力量。布朗写出的小说非常深沉而有力量。他完成第一章初稿，就迫不及待地让母亲阅读、评点。母亲一下子就被小说主人公的痛苦遭遇和坚强性格深深打动，她紧紧把布朗搂在怀里说："孩子，你是妈妈的骄傲，你一定会成功的！"

有了母亲的鼓励，布朗更加坚定，就这样，不知写了多少个日日夜夜，不知道克服了多少常人难以想象的困难，终于在21岁那年，布朗的第一部自传体小说问世了，书名叫作《我的左脚》。布朗虽然只能用左脚写小说，但这并不妨碍他在文学创作的道路上继续拼搏。16年后，布朗的又一部自传体小说《生不逢时》又出版了。这部小说感情真挚、道理深刻、情节动人、语言优美，一出版便轰动了国内外文坛，成了畅销书，20多个国家翻译出版了这本书，有的国家还将它改编成电影。15年后，在妻子的照顾和帮助下，布朗又先后出版了3部小说和3部诗集，成为享誉世界的文学巨匠，成为爱尔兰人民的骄傲。

一个只有左脚可以活动的残疾儿，却能成为举世闻名的大文学家，其关键就是忍耐力。他能够在厄运中忍耐下来，在艰辛的奋斗中忍耐下来，在辛苦的耕耘中忍耐下来，因此，他成功了。

逆境的改变往往产生于再坚持一下的努力之中，生活中，我们常常会遇到困难，只要咬紧牙关，相信困难终将过去，一切都会好起来。

第三章 ▷

假如今天是我生命中的
最后一天

我要把今天当作生命中的最后一天，忘记昨天，也不痴想明天，今日事今日毕。我要以真诚埋葬怀疑，用信心驱赶恐惧。我要让今天成为不朽的纪念日，化作现实的永恒。

《羊皮卷》成功誓言

太阳并非时刻普照着大地。

葡萄也有青涩的时候。

危机并没有完全过去。和平盛世还没有到来。

很遗憾，我了解到这样一个事实。虽然在《羊皮卷》的启示下，我已经尝到了成功的甘露，但是我知道以后的日子并不总是在成功的巅峰上。无论我尝试了多少次，无论我在选定的事业中多么坚韧不拔，表现出色，无论我还将付出多么大的代价，挫折与失败还会日复一日、年复一年地如影随形。我们每个人，即使是最刚毅最具英雄气概的人，一生中的大部分时间也都是在失败的恐惧中度过的。财富是无穷无尽的吗？不，它们永远不够。我们受到保护吗？安全吗？可是，安全又意味着什么？没有疾病，不会失业，免遭抢劫？我们有亲密的伙伴和充满爱与关怀的家人吗？友谊是永远值得信任的吗？爱会长久吗？

失败的恐惧使我们的生活笼罩在灾难的阴影中。它形形色色，变幻莫测，既是想象的又是现实的，既模糊混沌又清晰明朗，稍纵即逝却又挥之不去。为保证工作而奋斗的工人感到这种恐惧，养家糊口的成年人感到这种恐惧。这种恐惧折磨着每一个人，王子与贫儿，智者与蠢材，圣者与罪犯。过去，我不知如何对抗逆境，失败的创伤使希望的天空布满阴云，使梦想化为泡影。现在，这一切不会重演了。这是一种新的生活。无论失败何时降临，我都有方法扭转乾坤，从中获益。

在每一次困境中，我总是寻找成功的萌芽。

逆境是一所最好的学校。每一次失败、每一次打击，每一次损失，都孕育着成功的萌芽。这一切都教会我在下一次的表现中更为出色。我不再对失败耿耿于怀，不再逃避现实，不再拒绝从以往的错误中获取经验。经验是来自苦难的精华，生活中最可怕的事情是不能从一次的失败中得到为下一次准备的智慧。每个人都有自己的学校，得到不同的经验。除此之外，别无他法。逆境往往是通向真理的重要途径。为了改变我的处境，我准备学习我所需要的一切知识。

在每一次困境中，我总是寻找成功的萌芽。

现在，我已经做好充分准备，去对抗逆境。我第一次明白，所有事情，或好或坏，或大或小，都将迅速从我身边过去。人类的成就或是大自然的杰作都转瞬即逝。生命中的一切不仅处于不断变化的状态中，而且它们本身就是彼此从不休止、无穷无尽的变化的原因。

每天我站在峭壁上，身后是昔日无底的深渊，前方是未来，未来将淹没今天降临到我头上的一切。无论今后我面对什么样的命运，我都将细细地品味它，痛苦也会很快过去。只有少数人知道这个显而易见的真理，其他的人一旦悲剧降临，希望和目标就消失得无影无踪了。这些不幸的人们至死都在苦难的深渊中，每天如坐针毡，企求别人的同情和关注。逆境从来不会摧毁那些有勇气、有信心的人们。我们每个人都将在苦难的熔炉中锤炼，并不是所有人都能再生，而我将再生。金子在火红的炭火中保存下来，毫无损失，我比金子更为珍贵。

一切终将过去。

在每一次困境中，我总是寻找成功的萌芽。

我发现苦难有许多好处，只是很少为人察觉。苦难是衡量友谊的天平，也是我了解自己内心世界的途径，它能使我挖掘自己的能力，这种能力在顺境中往往处于休眠状态。

一个人，从出生到死亡，始终离不开受苦。宝玉不经磨砺就不能发光，我没有磨炼，也不会完美。生命热力的炙烤和生命之雨的沐浴使我受益匪浅，但是每一次的苦难都是伴随着泪水的。为什么上帝以这种方式惩罚我，让我一次又一次地失落？

现在我知道，灵魂遭受煎熬的时刻，也正是生命中最多选择与机会的时刻。任何事情的成败取决于我寻求帮助时的态度，是抬起头还是低下头。假如我只会施展伎俩，使出种种权宜之计，那么机会也就永远失去了，我会生活得不那么富裕，成就也不太大，痛苦更深，更加可怜，更加渺小。但是，如果我信奉生命的力量，那么从此以后，任何苦难都将成为我生命中胜利的转折点。

在每一次苦难中，我总是寻找胜利的萌芽。

无论何时，当我被可怕的失败击倒，在第一次的阵痛过去之后，我要想方设法将苦难变成好事。伟大的机遇就在这一刻闪现……这苦涩的根必将迎来满园芬芳。

在每一次困苦中，我总是寻找成功的萌芽。

《羊皮卷》成功智慧

世界上最宝贵的时间

世界上最宝贵的时间是什么？那就是现在！如果你希望掌握永恒，那就必须控制现在。

伟大的威廉·詹姆斯说："以行动播种,收获的是习惯;以习惯播种,收获的是个性;以个性播种,收获的是命运。"既然如此,想要改变自己的命运和生活,你就要从最基本的行动做起,养成马上去做的习惯,从而改变个性,获得成功。

有个美国人到墨西哥旅游,一天黄昏时他在海滩漫步,忽然看见远处有一个人在忙碌地做着什么。走近些时,他看清楚原来是个印第安人在不停地拾起由潮水冲到沙滩上的鱼,一只只地用力地把它抛回大海中去。

美国人于是奇怪地问这个印第安人:"朋友,你在干什么呢?"

那人说:"我在把这些鱼抛回海里。你看,现在正是退潮,海滩上这些鱼全是给潮水冲到岸上来的,很快这些鱼便会因缺氧而死了!"

"我明白。不过这海滩有数不尽的鱼,你能把它们全部送回大海吗?你所做的作用不大啊!"

那位印第安人微笑着,继续拾起另一只鱼,一边抛一边说:"但起码我改变了这只鱼的命运啊!"

美国人恍然大悟,慢慢陷入了沉思!的确,虽然有很多美好的事情我们不能去实现,但是如果把握现在,却能改变一切!

向前看,好像时间漫长无边;但回首,才知生命如此短暂!过去不能重新找回,将来还遥遥无期,唯一能把握、能利用的,也只有现在了!这是我们必须明白的一个人生道理。

一位考古学家在古希腊的废墟里发现了一尊双面神像。由于从来没有见过这种神像,考古学家忍不住问它:"你是什么神?为什么会有两副面孔?"

神像回答说:"人们都叫我双面神,我一面回望过去,吸取教训；一面展望未来，充满憧憬。"

考古学家忍不住问："那么现在呢？"

"现在"，神像一愣，"我只看着过去和未来，我哪管得了现在啊！"

考古学家说道："过去已经远去了，未来还没有到来。我们能把握的只有现在啊！你对过去总结得再好，对未来的构想无论多么美妙，如果不能把握现在，那又有什么意义呢？"

神像听了，恍然大悟："你说得没错。我只关注过去和未来，而从来没想过现在，所以才被人们抛弃在废墟里啊！"

每个人都希望梦想成真，成功却似乎远在天边遥不可及，倦怠和不自信让我们怀疑自己的能力。其实，我们不用过多地想以后的事，只要把握现在，开始行动，成功的喜悦就会慢慢浸润我们的生命。

霍勒斯·格里利说过："做事的方法就是马上开始。过去的已成为历史，未来还遥不可及，我们能把握的只有现在。"什么事情一旦拖延，就总是会拖延下去，而你一旦开始行动，事情就有了转变。凡事及时行动，成功就有了一半。

把握现在不是一件难事，我们只是需要明快、果断、决心。在一张纸写上"从现在开始行动"，贴在你的书桌、床头、镜子前，贴满你的房间，你一看到它就会有行动力。只要从早上睁开眼睛那一刻开始，你就马上行动起来。慢慢地，你会发现，你整个人充满了热情和动力，这样持续一个月，"现在"就牢牢把握在你手中了。

著名作家茅盾说过："过去的，让它过去，永远不要回顾；未来的，等来了时再说，不要空想；我们只抓住了现在，用我们现在的理解，做我们所应该做的。"是的，要想人生没有遗憾，成就你卓越的人生，那就从现在起，朝着你的目标，开始行动吧！

抓住现在，珍惜眼前

每个人的一生，总会有种种的憧憬、种种的理想、种种的计划，假如我们能将这一切都抓住，将一切理想都变为现实，将一切计划都付诸实施，那么我们事业上的成就，真不知道会怎样的宏伟，我们的生命真不知道会怎样的伟大！。然而在我们的生活中，伟人总是少数的，这是为什么呢？这是因为我们总是憧憬无限，但懒得马上去抓住它；有完美的理想，而不去马上实现它；有计划，而不马上去执行，到最后只有坐视种种憧憬、理想、计划的破灭与消逝！

希腊神话中有这样一个故事：有一天智慧女神雅典娜突然从宙斯的头脑中披甲执戈，一跃而出。人们心中最高的理想、最大的意象、最宏伟的憧憬，其实就像雅典娜一样，也往往是在某一瞬间，突然从头脑中很完整、很有力地跳出来的。凡是对于应该马上就行动的事一直拖延着不立刻去做，总想留到将来再做，是不会有效果的。有这种不良习惯的人大多是弱者，是行动上的矮子。要知道，有力量、有能耐的人，总是那些能够一有事情就充满热情立刻动手去做的人。

每天都有每天的事。今天的事都是新鲜的，与昨日的事不同，明天也自有明天的事。所以，今天的事，就应该在今天完成，千万不要拖延到明天。明日复明日，明日何其多！拖延的习惯非常不利于人们的工作。过度慎重与缺乏自信，同样都是干事业的大忌。在兴趣、热诚浓厚的时候做一件事与在兴趣、热诚减退了以后做同一件事，其间难易、苦乐的程度，有时真的是天壤之别！在兴趣、热诚浓厚时，做起来可能就是一种享受；而在兴趣、热诚消退了，再去做同一件事，有可能就是一种痛苦了。

把今天该完成的事情留到明天去做，这是个非常不好的习惯。实际上，在你的这种拖延中所浪费的时间、精力，就已经足够用来将那件事做好了。做那些以前积留下来的事，我们内心的感受肯定是不怎么愉快的，人人都讨厌回过头来收拾昨天的烂摊子。在当初本来可以很愉快、很容易完成的事，拖延了数天、数星期之后，再捡起来做就要困难很多了。所以，接到信件，立刻回复是最为容易的。也正是因为如此，有的机关、公司就定下制度，不容许任何来函隔夜回复。

命运无常，良缘难再！在我们的一生中，良机佳时总是转瞬即逝的。如果当时不好好地把握住它，以后就可能永远失掉了。有了计划而不去执行，最后这种计划便会烟消云散，这对于我们的品格、力量，很难有什么好的影响。有了计划然后努力去实行，就能够使我们的品格、力量都得到提升。有计划不算稀奇，能执行自己订下的计划，才算可贵。

一个生动而完美的构思，突然在一位作家的脑海中闪现，使他生出一种不可阻遏的冲动，想提起笔来，将那美丽生动的构思转移到纸上。但那时他或许有些不方便，所以没有立刻写下。那个构思不断地在他的脑海中活跃、跳动，然而他还是迟疑着。后来，那构思便逐渐模糊、暗淡下去了，终至整个消失殆尽！

一个神奇美妙的印象，突然闪电一般的出现在一位艺术家的眼前，但是他不想立刻提起画笔，将那不朽的印象描绘在画布上，这个印象占据着他全部的心灵，然而他总是没有跑进画室埋首挥毫。最后，这幅神奇的图画会渐渐从他心路上淡去。塞万提斯说："如果灵感惠顾你时，你总是说等一会儿，等一会儿，那么，你就可能永远都等不到它了！"此语是十分真实的。

对这些灵感，我们原本可以在其还是新鲜、灵动时，就能抓住的。拖延可能使你一事无成虚度岁月，亦可能会造成非常悲惨的结局。凯撒就是因为接到了有人想刺杀他的报告而没有立刻打开来读，更谈不上采取什么防预措施，结果丢了自己的性命。拉尔将军正在玩纸牌时，忽然有人送来一个报告，说华盛顿的军队已经赶到德拉威了，他将这个报告塞进了自己的衣袋中，等到牌局完了之后才打开。于是，他调兵遣将，准备应战，但已经太迟了。结果是全军被掳，他也丢了性命。仅仅是因为几分钟的拖延，一个军人就丧失了尊荣、自由与生命。

有病就应该去就医，要是有病而拖着不去就医，不但会使病情加重，严重时还会不治身亡，这样的事例为数不少！

最足以误人的习惯，莫过于拖延。世界上有许许多多的人，不能说他们不聪明，有些人还受过相当好的教育，本来他们应该有一个美好的前程，但是好多人都是为这种爱拖延的习惯所累，最后陷入了悲惨的境地。拖延的习惯，最能损害和降低人们做事的能力。

你应该极力避免拖延的习惯，就像避免一种瘟疫的传播和罪恶的引诱一样。假使对于某一件事，你发觉自己有了拖延的倾向，不管那件事有什么样的困难，你应该赶紧跳起来，立刻动手去做。不要畏惧困难，不要苟且偷安。这样，久而久之，你一定能克服那种拖延的坏习惯。应该将"拖延"当作最大的敌人，因为它会偷去你的时间、品格、能力、机会与自由，而使你成为它的奴隶。

要克服拖延的坏习惯，唯一有效的方法就是在事务当前时，立刻动手去做。多拖延一会儿，就足以使那件事更加难做一些。"想做，就立刻去做！"这是所有成功之士的格言。凡是遵从这句格言的人，永远不会有悲惨的结局。所以，你要想成名致富，敏捷地抓住现在是你非好好运用不可的。

要妥善管理你的时间

彼德·德鲁克曾说："不能管理时间，便什么都不能管理。"英特尔总裁葛鲁夫很善于管理时间，他对上班迟到、下班早退的现象深恶痛绝。在葛鲁夫看来，上班迟到者就是时间的小偷。他说："对迟到的人绝对不要客气，就像你如果逮到一个人从公司偷走价值 2000 美元的设备，你不会给他好脸色看一样。"在英特尔公司成立的前 20 年，有一项著名的迟到者签名制度，就是葛鲁夫发明的。

追求自我突破的高效人士都是管理时间的楷模，葛鲁夫把时间当作公司的财富去管理，值得我们学习。在现代市场营销中，管理已经成为一个十分重要的因素，甚至已经成为一个公司能否立足市场的关键所在。大型企业都拥有一支庞大的管理队伍，从事各种管理工作，在各个业务环节中对企业施加影响。但是，你是否意识到，任何管理，归根到底都是时间管理，都是力争在最短的时间内，完成最大的收益。因为时间管理是各种管理的核心，所以，努力去实现时间管理的科学性，就成了每个高效人士关注的重点。

威尔逊从小家境非常贫穷，10 岁起离家当学徒工，每年只有一个月的时间在学校接受教育。在这样贫困的生活中，威尔逊下定决心，不让任何一个发展自我、提升自我的机会溜走。他深刻地理解闲暇时光的价值，他像抓住黄金一样紧紧地抓住那些零碎的时间，不让一分一秒的时间从指缝间溜走。

经过 11 年的艰辛劳动和努力拼搏，他 21 岁时离开了农场。此时，他已经读了一些优秀的著作，这对于一个生活在农场里和贫穷中的孩子来说，是多么难以办到的事情啊！

离开农场 8 年之后，他发表了著名的反对奴隶制度的演说，12

年后又进入了国会。最后，他登上了美国总统的宝座。

关于如何管理时间的学问很多，威尔逊的成功是因为抓住了点滴时间，他利用零散的时间积累了大量的知识。时间管理不仅是对企业的管理，也不仅是对自己学识的管理，还是对人生的管理。

乔·吉拉德被吉尼斯世界纪录誉为"世界上最伟大的推销员"。这一切都归功于他那独特的时间规划。

乔·吉拉德12岁时争取到一份送报员的工作。那时他特别想得到一辆自行车，那是作为寻求新读者竞争中优胜者的最大奖品。他想得到这辆自行车，于是，早上5点半就起床，并在上学前送完所有的报纸。在这段时间里，他要抓紧每一分钟挨家挨户去敲门拉生意。通过艰苦努力和高效地利用时间，乔·吉拉德得到了他想要的东西。

通过这次经历，使他赢得的不仅仅是一辆自己想要的自行车，而且还赢得了规划时间的方法。他认识到只要自己坚决地执行工作计划，就会成功。

他说："在我的生活中，从来没有'不'，你也不应该有。我不会把时间白白送给别人的。所以，要相信自己，一定会把报纸卖出去。一定能做得到。"

对于那些贫穷的人来说，财富就像是可望而不可即的星星。当乔·吉拉德贫困潦倒时，他曾认为自己一辈子也过不了有钱人的生活。后来，他才明白，贫与富的差别只是利用时间的差别。

当有人问乔·吉拉德成功的秘诀时，他回答说："其实你们每个人都可以实现这个所谓的奇迹。如果你们能坚持每天拜访至少50位客户并且一直坚持下去。"

如果我们能像乔·吉拉德那样合理地规划时间，最终我们也能得到梦想的东西和财富。

看到时间流逝，内心就悲伤，这是一切成功者对待时间的最积极的心态。因为在他们看来，流逝的不仅是时间，还有自己的生命。

不成功的人总以为浪费几分钟无所谓，今天做不完的事明天可以再做，他们不会为浪费时间而痛惜不已。而成功者之所以能够成功，就在于决不会浪费一分一秒，他总会力争在设定的时间之内把所有的事情做完。

其实，时间管理就是生命管理，只有善于管理时间的人才能高效率地做事，只有高效率地做事，才可以实现生命的价值。生命的计算方式，其实就是时间的计算。生命的价值就是时间的价值，珍惜生命的前提，就是要管理好时间。

现代人的生活节奏越来越快，压力也越来越大。经常会听到人们抱怨一个星期有 3 到 4 天的时间在加班，没有时间锻炼身体，身体经常处在一种接近透支的状态；也有人抱怨，虽然职位已经到了中层管理者，但仍没有安全感，因为知识的更新速度太快了。

其实这所有的问题都是时间管理的问题，每天列了一大堆计划，晚上回顾的时候，却发现忙的都是一些琐碎事情，重要事情一件也没有干，这都是因为缺乏时间管理的技能，才不能很好地运筹时间。

时间是世界上最平等的资源，每个人每天都拥有 24 小时；时间又是世界上最稀缺的资源，每人每天只有 24 小时。这就要求我们必须懂得充分利用每一分每一秒的时间。

大多数成功者都有一个共同特点，那就是他们都是管理时间的高手，而失败者则几乎都不善于管理时间。

如何才能高效地管理时间呢？可以画一个工作圆饼图，在这个图上找出自己的工作重点，然后根据工作的重要程度分配一天的时间。如果无法画这个工作图表，或是无法填写它，就不知自己的时间是怎样分配和使用的，这种人就没有时间规划。有人画不出时间圆饼图来，是因为他没有抓住重点，生命图表中只有工作，没有其他，这同样是不合理的规划。

时间花到哪里去了，价值就在哪里。成功大多取决于我们是否设立一个有意义的目标，又是否去规划了我们的时间和生命。

把握好所有零碎的时间

在竞争异常激烈的现代社会中，任何一种对时间的浪费，都是对生命的不负责。不要小看零碎时间的分分秒秒，它们往往在生命的关键时刻起着决定性的作用。因此，我们在生活中一定要把握好所有的零碎时间。

争取时间的唯一方法是善用时间。把零碎时间用来从事零碎的工作，就可以最大限度地提高工作效率。比如在乘车时，在等待时，可用于阅读，用于思考，用于简短地计划下一个行动，等等。充分利用零碎时间，短期内也许没有什么明显的感觉，但长年累月将会有惊人的成效。世界上不知有多少本可以建功立业的人，只因为把难得的时间轻轻放过而默默无闻。

涓涓之水可以成河。用"分"来计算时间的人，比用"时"来计算时间的人，时间要多59倍。达特茅斯医药学院睡眠诊所主任彼得·哈瑞博士的研究表明，大多数成年人每天平均睡眠在7至7.5小时，但是对很多人来说，6个小时甚至5个小时的睡眠，就已经足够了。超过你需要的睡眠只是把时间耗掉而已，对健康不但无益而且可能有害。

哈瑞博士说："要找出你需要多少睡眠，你应该以不同的睡眠长度来做试验，每一种试验用一或两个星期。如果你每天只睡 5 个小时，仍然觉得心智敏捷，工作有效率，那就用不着强迫自己在床上躺 7 个小时。如果你睡了 8 个小时，仍然觉得软弱无力，难以集中精神，那你可能就是一个需要 10 个小时睡眠的人。"

正如弗吉尼亚大学精神病学系睡眠试验室主任罗勃·范卡索博士所说，人所需要睡眠的长度不同，似乎和新陈代谢、秉性，以及从白天活动中得到的乐趣有关。他说："做无聊而令人厌烦的工作，会使人以更多的睡眠来避免面对每天冗长而乏味的例行工作。因此，我不会要求每一个人都制定一个同样的睡眠时间表，但是大多数的人就是比平时少睡很多，仍然能够过得不错。"

还应该注意到的就是有些情况会影响人的睡眠，比如，在感到特别有压力或生病的时候，人就会需要更多的睡眠。

很多成功的人认为他们成功的一项重要因素，是他们遵从了富兰克林的建议而获得了更多时间。富兰克林的建议是："懒人睡觉时，你要刻苦奋进。"例如，已故希腊船业巨子奥纳西斯常常在清晨 5 点钟就起床了，并且认为这个良好的习惯帮助他获得了成功。新奥尔良著名的欧吉斯纳诊所的阿尔顿·欧吉斯纳博士，发现他一天只要睡 4 个小时就足够了，而著名的心脏外科医生麦克·戴贝克也有同样的发现。他们两个人都采取每天只睡 4 小时的做法，但是如果白天觉得疲倦了，就小睡 5 至 10 分钟。

当然，这些都是特殊的人。如果你只睡 6 个小时仍然觉得很好，那就不必睡 8 个小时。一天节省两个小时，星期一到星期五就节省了 10 个小时，每个月就是 40 多个小时——每个月比别人多 3 天。

如果认为这样野心太大了，那么想想看每晚少睡 1 个小时会怎么样：等于是 1 年比别人多 1 个月，以一生的工作时间来计算，就是多 5 年。

所以我们需要的是：起来工作吧！

在大都市，人们每天用于上下班路途上的时间是非常可观的。美国人的上班时间平均单程是 22 分钟，而在人口 100 万或 100 万以上的大城市，32% 的人住在距离上班地点 35 分钟车程的地方。

任何事情要在人的一生中用去这么多时间，都值得你特别注意。很明显，有两方面值得你考虑一下：

首先，是否能减短交通时间？

威尔克先生开车上班单程要用 35 分钟，他的朋友布朗先生住在距离上班地点只有 15 分钟车程的地方。威尔克先生并不觉得其中的差异有什么特别意义，他认为："只多几里地而已，早已习惯了。"但是我们来算一算，单程 20 分钟的差异表示一天往返要差 40 分钟，1 个星期三个半小时。以 1 个星期工作 40 小时来计算，在上班路途上威尔克先生"1 年"要比布朗先生多用"4 个星期"的时间。在选购房屋的时候，上班时间当然不是最重要的考虑因素，但只有 5 至 10 分钟车程的差异，长年累月累积起来，差异就大了。

其次，是否能有效地利用交通时间？

听车上收音机任意播放的节目，并不是利用乘车时间的最好办法。更有效的时间利用包括：在早晨业务汇报之前，把有关事项先想清楚；分析业务、私人问题或机会；在头脑中为一天的工作先计划一番；听听用来增长自己专业技术的录音带。不过，听新闻报道甚至音乐录音带，也都是利用这段时间的好办法。重要的是避免由惰性或习惯来决定如何利用上下班的时间。

要有意识地决定在上下班的乘车时间里，把注意力投在什么方向。这样我们就会惊异地发现，不浪费这段时间会获得许多宝贵的益处。

不要把一些短暂的时刻视为虚耗掉的时间，而要把它当成意外的收获，可做一些平常要延缓去做的某些事情。

推销员常常发现在接待室等待和顾客面谈的时间，足够他办完所有纸上作业：写一份和上一位顾客面谈的报告，写给顾客以及可能成为顾客的信件，计划以后拜访哪些人，填写支出费用报告，等等。每一个人都可以利用这种零碎时间来完成适当的小工作，只要把必备的表格或资料带在手边就可以了。

不要认为这种零碎的时间只能用来办些例行的纸上作业或次优先的杂务，最优先的工作也可以在这少许的时间里来做。如果把主要工作分为许多小的"立即可做的工作"，我们随时都可以做一些费时短却很重要的工作。要记住：如果时间因为对方的不讲求效率而浪费掉了，这是自己的过失，不是别人的。

很多人发现把午餐时间推迟到1点钟或1点钟以后，而用正午时间来办些事，效果更好。在大多数办公室里，这段时间的电话等于零，干扰比较少；还能得到额外的好处，那就是在大家赶着吃饭的时间过了以后，再到食堂去可以得到比较快的服务。

要保护自己的周末。除非有紧急情况，否则不要让工作时间延长到周末。周末运动，轻松一番，完全远离办公室或工厂的事务，可以有助于有效地运用下一周的时间，如果偶尔计划出一个长的周末，那就尽管去彻底放松一个星期。

应该好好计划一下如何利用自己的周末，不要总是周末来了就被动地接受，否则会让自己不知所措。为周末拟订出一些特别的计划，可以提高工作士气，刺激起要把一周工作做完的兴趣，使工作不会干扰到周末的计划。

更重要的是，要认识到"今天"是我们唯一能应用的时间。过去已经一去不回，未来只是一种概念。这个世界上每一件事情的完成，都是由于某一个人认识到"今天"是行动的时间。

19世纪的英国作家、历史学家及哲学家卡莱尔曾说："我们的主要工作不是看未来还看不清楚的东西，而是去做目前手头上的事情。"10世纪英国散文家、批评家和社会改革家罗斯金把"今天"这两个字刻在一小块大理石上，放在桌边，时刻提醒自己要"现在就办"。

一位不知姓名的哲学家说过，昨天是一张兑过注销的支票，明天是一张期票，今天是手上的现金，用它吧！

做事永远不要说太迟

我们要时常告诫自己：永远不要说太迟！因为裹足不前的人永远都会给自己找到拖延的借口，不是条件不成熟就是环境不利，始终没有采取积极的行动。以至于和许多成功的机会擦肩而过。我们不能挽留时日，却可以马上放弃那些借口。做事高效的人不会计较早晚，只要志向一定，年纪多大，也一样出发。

卡尔·卡森在64岁时才决定要改行做顾问。他原来经营租车业，也相当成功，可是他发现自己更适合做顾问，于是就决定改行。最初他的目标定在10个客户的上限，那个目标很快就达成了。后来他出版报纸，订户有1200名。他每年还要在美国巡回演讲，而当时他已经75岁了。

成功的人有两种：一种是"英雄出少年"，另一种则是"大器晚成"。这两种人都值得骄傲。只有一种人最可怜，那就是一天到晚盼望成功的到来，却从小到老从不行动。

老年人最富有的是一生的经历，老年人最富裕的就是时间，可以让日子慢悠悠地过，当然，也可以像卡尔·卡森那样，年纪虽老但仍做出卓越的成绩。成功人士的首要标志，是他思考问题的方法，一个人如果是个积极思维者，喜欢并勇于接受挑战和应对麻烦，那他也就成功了一半。卡尔·卡森的成功就证实了这一点。

哈伦德从前的日子都过得太匆忙了，在漫长的等待中使他陷入了深深的思考。

他父母是美国印第安纳州的农民，去世时他才 5 岁。他 14 岁时从格林伍德学校辍学，开始了流浪生涯。他在农场干过杂活，还当过电车售票员，但干得都不是很开心。16 岁时他谎报年龄参了军，但军旅生活也不顺心。一年的服役期满后，他又去了亚拉巴马州，在那里他开了个铁匠铺，但不久就倒闭了。

后来，他在南方铁路公司当上了机车司炉工。他很喜欢这份工作，以为终于找到了适合自己的位置。他 18 岁时娶了媳妇，没想到几个月后，在得知太太怀孕的同时又被解雇了。

接着有一天，当他在外面找工作时，太太卖了他们所有的财产逃回了娘家。

哈伦德并没有因为老是失败而放弃希望，别人也是这么看他。他确实努力过了。

有一次，当他还是在铁路上工作的时候，他曾通过函授学习法律，但后来放弃了。

他卖过保险，也卖过轮胎。他经营过一条渡船，还开过一家加油站，都失败了。命运似乎有意让哈伦德永远也不能成功。

此刻，他躲在弗吉尼亚州若阿诺克郊外的草丛里，准备着一次绑架行动。他观察过一个小女孩的习惯，知道她下午什么时候会出来玩。

可是，这一天，她没出来玩。这个谋划好的绑架行动也没能突破他一连串的失败。

后来，他又做了考宾一家餐馆的主厨和洗瓶师，可是不久就有一条新的公路刚好穿过那家餐馆，他不得不再次失业。

接着，到了退休的年龄。

他并不是第一个，也不会是最后一个，到了晚年还无以为荣的人。除了那次未遂的绑架，他也算一直安分守己。必须说明的是，他只是想从离家出走的太太那儿绑架自己的女儿。不过，母女俩后来都回到了他身边。

这时他收到了政府寄来的第一笔养老金，他愤怒了。因为他觉得自己还年轻，不需要靠社会福利金过日子，这笔养老金成了他事业的转机。当时的哈伦德已经 66 岁。

他开始载着他的 11 种香料配方及他的压力锅上路。他到印第安纳州、俄亥俄州及肯塔基州各地的餐厅，将炸鸡的配方及方法出售给对此感兴趣的餐厅。1952 年，他的首家被授权经营的肯德基餐厅在盐湖城成立了。令人惊讶的是，在短短 5 年内，哈伦德在美国及加拿大已发展有 400 家的连锁店，这就是世界上餐饮加盟特许经营的开始。

没想到肯德基门口站着的那个可爱的"老头"，还会有这样一串故事吧？当我们享用肯德基美味鸡块的时候，也可以从"老头"那里汲取点精神营养。

生命是一笔上帝给每个人存放在银行里的储蓄。究竟它有多少？没有人在生前知道，但有一点是真实的，我们都在一天天地消费它，直到有一天生命出现了赤字。生命是不确定的，谁也不知道后面的人生之路到底有多长，所以我们没有理由嫌太早或太晚。只有分分秒秒地把握，把每一天都当成一个快乐而充实的日子，才不后悔。

人生有不同的地段：

青春时期精力旺盛，但经不起挥霍。

中年的发展基础稳定，可以干自己想干的，干自己能干的。

人生最难耐的是老年，老年往往无所适从，因为他们刚退出社会舞台。优雅庄严往往是老年人的选择，也可以人老心不老，做出非凡的成绩。

消极的人认为青春期的日子太天真轻狂，中年的日子太忙碌，当他们走向老年时又说自己只剩下了无奈。在别人踏踏实实奋斗追求的日子里，他们却放松了自己，疏懒了自己，现在想挽回却说已是太迟太迟。

成功人士与失败者之间的差别就是：成功人士始终用最积极的思考和最乐观的精神去支配和控制自己的人生。他们只会向前看，不会回头为那些已经无能为力的过去叹息。

即使过去的日子没有好好地珍惜和利用，我们也不要觉得太迟，也不必懊悔。懊悔只能使眼前的一切又在懊悔中溜走，我们能做的只能是埋下头默默耕耘，去争取以后的时机。

不要说太迟，让努力来补偿过去的浪费吧；不要说太迟，让奋斗点燃我们的激情。只要从此在心中植下一份永恒的信念，就能阔步走向壮丽的人生未来。

提高时间的使用效率

博恩·崔西说过："时间是生命的原料，我们有多大的成就取决于怎样利用我们的时间。"

IBM 在 1992 年时亏损高达 49.7 亿美元，是美国公司历史上最大的财务损失，这个业界的"蓝色巨人"曾一度快速衰败，可在 1999 年 4 月 22 日，IBM 报告其一季度的利润超出预计，上涨的 42%。是郭士纳拯救了 IBM。

郭士纳用了 4 年多一点的时间，在 IBM 这家好像行将就木、每年亏损几十亿美元的公司创造了奇迹，在那 4 年时间里，郭士纳精简了臃肿的官僚体系，运用各种办法削减成本，使公司的开支符合预算，使公司比人们的预想要快得多地扭亏为盈，用事实证明了他确实是美国业界里使公司起死回生的最伟大的行家之一。

其中的一个主要原因是因为郭士纳是一个高效率利用时间、不爱浪费时间的人。不管是自己的还是别人的时间，他绝对珍惜，一直用最快的办事方法做事。如果有人想阻碍他办完一件事，那么他会想办法排除干扰，不被他们左右。在他看来，那些浪费时间的人就是葬送企业的人。

郭士纳说："我们决策的时间还是很长，我们还是在各种大型委员会里空谈太多。我们仍旧过于偏重研究，并且在整个公司，我们没有统一认同的紧迫感。同历史上其他时期相比，今天的胜利属于快捷者。行动迅速也许要比洞察力强更高一筹。我不主张毫无目的的莽撞。我主张以'今天就做好'的精神来推动各项计划活动的进行。我们需要给 IBM 注入大剂量的建设性的积极情绪。"

郭士纳上任之前的 IBM 会议，虽然气氛愉快，但效果不好。郭士纳主持的会议气氛一点也不融洽。他在见某人之前几乎总是要求有书面报告，要确认事实，并允许他省掉开场白，立即谈手头的问题。对习惯于躲避问题而现在却焦头烂额的 IBM 雇员来说，想到跟郭士纳见面都会发怵。

IBM 前资深副总裁吉姆·卡纳维诺评论说："在过去，你在公司坐下开会，觉得好像决策已经做出。而在郭士纳这里却不一样。他要开会就希望做决策。如果他有足够的事实，他就会做决策。他来开会并不带着事先想好的主意。会议更短，规模也小多了。在过去，如果在下面三级的某人有情况要报告，那么他的上面两级领导就必须参加会议。郭士纳改变了这一切。开始时人们很难适应，大家都疑虑重重，但后来习惯了郭士纳的作风。"

郭士纳为了立即谈正事，就取消了会议上用的投影仪胶片和图表。有一次，一个资深经理带着投影仪来开会。他走近投影仪时，吃惊的发现郭士纳也朝着投影仪走来。郭士纳"啪"地关掉了机器，并严肃地说道："你是这类业务的专家和经理，要是没有各种辅助手段就解释不清，那么你就不了解你的业务。"

郭士纳加入董事会之后，喜欢简短的报告，他要求给客户的报告不超过 15 页。他喜欢的话就是"别把活动与结果混淆"。在他那里，结果必须是真实的。郭士纳极大地改进了 IBM 员工的思维方式。他打电话也从不恭维人，相反，他的电话总是简短明要，有时甚至很严厉。

郭士纳说："我的调查表明，IBM 劣于电脑行业一般公司的地方，与我们公司的官僚机构和公司文化有关，我们的会议还太多，我们的停工还太频繁，评议会还太多，专职队伍也还太多，这些都增加了工作量但没有增加价值。最重要的是我们看重'表面时间'而不看重实效。"

工作效率低的人一般只有时间观念，而没有时间效率的观念。高效人士正好相反，他们不仅会考虑时间，还会特别关注时间的使用效率，时间效率低是浪费了时间，而效率高就等于是延长了时间。

在落后的观念中，人们看不到时间的价值，不知道时间的作用。如，车间里成批工人的闲聊；订一项合同，需要半年去盖橡皮图章。成功与成就往往来自提高时间的效率，时间就是潜在的资本。在我们的生活中，经常有这样的事：仅仅是一天之差，就可以导致一个企业的巨大成功和另一个企业的倒闭破产。所以不懂得利用时间就不会成为一个高效做事的人，浪费时间就等于浪费自己的财富，只有形成提高时间使用效率的理念，才有可能实现高效执行。因此，要成为一个高效的人就一定要树立提高时间效率的观念。

要提高时间的效率，首先，要管理好自己的时间。其次，讲话、开会也要讲究成本，经常开会，讲话既多又长，并非优点。有效的会议，时间不长，又能取得成效。文山会海无非是浪费了自己的时间，也浪费了别人的时间。这些时间，本来可以生产很多产品，这就是会议的成本。再次，要懂得把要做的事情有条理地分类，美国汽车公司实施的"总裁桌上的不同颜色公文夹"策略，也是一种有效使用时间，提高时间使用效率的好方法。最后，可以为自己订下办每一件事情的期限，并且尽量去遵守它，这样也能大大地提升时间效率。因为，只要加上一点点的压力，大多数的人就会把工作做得更好，而自我定下的期限就可以提供自己所需的压力，使工作能够顺利完成。

赢得时间就是赢得成功

做事赢得了时间就等于赢得了成功。时间是最宝贵的财富。没有时间，计划再好，目标再高，能力再强，也是空谈。时间是如此宝贵，但时间又是最有伸缩性的，它可以一瞬即逝，也可以发挥最大的效力。所以，不懂得利用时间的人，不抓住一切机会赢得时间的人，做事没有效率，付出的再多也很难有收获。

在时间前面徘徊的人，等于在现实面前止步。只有会挤时间，善用时间的人，才有希望到达理想的彼岸。

2000 年前，孔老夫子站立于河边面对奔流不息的河水，感慨时间的飞逝像流水一样一去不回，发出了千古流传的感叹：逝者如斯夫。

时间是最平凡的，也是最珍贵的。金钱买不到它，地位留不住它，时间是构成一个人生命的材料。每个人的生命是有限的，同样，属于一个热闹的时间也是有限的，它一分一秒，稍纵即逝。

时间是宝贵的，虽然它限制了人们的生命，但每个人在有限的生命里都可充分地利用它。鲁迅先生说过，时间，每天得到的都是 24 小时，可是一天的时间给勤劳的人带来智慧与力量，给懒散的人只能留下一片悔恨。

你是否因为今天无所事事而感到十分忧郁，但就在你的忧郁中，时间又流逝掉了。如果你总是把希望寄托在明天，那么今天就浪费掉了。成功的人，会珍惜每分每秒而成就辉煌；失败的人正因为抱着"做一天和尚撞一天钟"的思想得过且过而消磨时间，在他们眼里时间是漫长和无谓的，而当他们回过头之后，才发现时间如流水，一去不复返，才发现时间的可贵，可谓"少壮不努力，老大徒伤悲"啊！

时间的逝去令人难以估计，无法形容。树枯了，有返青的机会；花谢了，有再开的时候；燕子去了，有归来的时刻。然而，人的生命要是结束了，用完了自己有限的时间，就再也没有复活、挽救的机会了。正如"盛年不重来，一日难再晨"。时间就这样一步一步，永不返回。正如大散文家朱自清先生所感慨的那样："洗手的时候，日子从水盆里过去；吃饭的时候，日子从饭碗里过去；默默时，便从凝然的双眼前过去。我觉得他的匆匆了，伸出手撳挽时，他又从撳挽的手边过去，天黑时，我躺在床上，他伶伶俐俐地从我身上跨过，从我的脚边飞去了。当我睁开眼和太阳再见，这算又溜走了一日……

对于时间的表述，最生动的要属富兰克林说的一段话："记住，时间就是金钱。""假如说，一个每天能挣 10 个先令的人，玩了半天，或躺在沙发上，消耗了 6 个便士。不对，他还失掉了本可以挣到的 5 个先令。……记住，金钱就其本性来说，决不是不能增值的。钱能生钱，而且它的子孙还会有更多的子孙。……谁杀死一头生仔的猪，那就是消灭了它的一切后裔，乃至它的子孙万代。如果谁毁掉了 5 先令的钱，那就是毁掉了它所能产生的一切，也就是毁掉了一座英镑之山。"

所以富兰克林说："你热爱生命吗？那么别浪费时间，因为时间是组成生命的材料。"要持之以恒地做好一件事，就要利用一切时间来完成它。唯有珍视时间的人，才有希望攀登理想之巅。

时间和理想是紧密相连的，无论失去了哪一方，另一方都将悄然逝去。每个有远大理想的人都是非常珍惜时间的。例如，爱迪生通常彻夜不眠地进行科学研究，正是时间保证他成功地进行了 3600 多次试验，使他成了闻名全球的发明大王。马克思为了争分夺秒地读书写作，长年读书的图书馆座位下面的水泥地面，竟然被他的双脚磨掉了一层。有志青年，都要以他们为榜样，争做和时间赛跑的健将。

世上有成就的人无一不是和时间赛跑的。在他们的心目中，时间是成功之母，比金钱还要重要。

在本杰明·富兰克林的书店里，一个男子问道："那本书要多少钱？"

"要1美元!"一个店员回答。

那个等待了很久的人惊讶地说道:"能便宜点吗?"

"没法便宜了,就得1美元。"店员对他说。

看样子这个人很想得到这本书,他又盯了一会儿那本书,然后问道:

"富兰克林先生在吗?"

店员回答说,"他正在忙于工作。"

"哦,我想见一见他。"这个男子提出了自己的要求。

富兰克林被叫了出来,这位顾客再一次问:"请问那本书的最低价是多少,富兰克林先生?"

"1.25美元!"富兰克林爽快地回答道。

"1.25美元!怎么会这样子呢?刚才你的店员说只要1美元。"这位顾客有点愤怒了。

"没错,"富兰克林平静地说道,"可是你还耽误了我的时间,这个损失比1美元要大得多。"

这个男子看起来非常诧异,但是,为了能够得到这本书,他再次问道:"好吧,那么告诉我这本书的最低价码。"

"1.5美元,"富兰克林回答说,"要1.5美元!"

"上帝啊,刚才你自己不是说了只要1.25美元吗?"

"是的,"富兰克林冷静地回答道,"可是到现在,我因此所耽误的时间和丧失的价值要远远大于1.5美元。"

这个男子不再说什么了,一声不响地把钱放在柜台上,拿起书离开了书店。从富兰克林这位深谙时间价值的书店主人身上,他得到了一个有益的教训:从某种程度上来说,时间就是财富,时间就是价值。

我们唯一想象的财富就是自己的一生。许多人不成功，是因为他本身就是一个浪费时间的人。时间是构成生命的材料，浪费时间就等于浪费生命。人的生命是有时限的。以人均寿命 70 岁计算，人一生将占有 30 多万个小时，即使除去名义时间也有 15 万多个小时。而就一生的时间而言，它是不断减少的，但是人对实际时间的利用和发挥并不一样，因而实际生命的长短也是不一样的。比如，以分计算时间的人比用小时计算时间的人，要多拥有 59 倍的时间，以秒计算时间的人则又要比用分计算时间的人，多拥有 59 倍的时间。所以对于挤时间的人来说，时间是不断增加的，甚至是成倍增加的。

人生并不长，假如你的寿命是 70 岁，那么你仔细计算一下：你已经用掉了多少时间？还剩下多少时间？在用掉的时间里，你是否有所作为？在剩下的时间里，你能做完你想做的事情吗？如果你真的仔细算了，你就会发现其实生命所剩下的时间并不多，面你要做的事却多得数也数不清。对任何一个人来说，最重要的是珍惜时间。不要期待明天，只有努力使自己剩下的时间不要浪费，把每一天都当作最后一天去充分利用。赢得时间就是赢得成功。

许多有成就的人，就是因为他们把一点一滴的闲暇都看作是取得更高成就的宝贵机会，他们会扩大自己的知识，增强自己的能力，从而在机会来临时抓住它。那些决心完成一件事情的人，犹如赚取金钱一样为自己赢得时间，从而取得了成功。

美国佛罗里达州有一位著名的鞋商查尔斯·C. 佛罗斯特，他决心每天都要学习 1 个小时。结果他成为美国最著名的数学家之一，取得了令人羡慕的声望。他每天从无关紧要的事务中抽出 1 个小时的时间加以有效利用，这又使他这个能力普通的人完完全全地掌握一门科学。每天 1 小时会使一个无知的人在 10 年内成为一个知识渊博的人。年轻人在 1 个小时内可以仔细阅读 20 页的书本，也就是一年时间阅读 7000 多页或是 18 大本书。每天 1 小时会导致勉强度日和辉煌成就之间的差别；每天 1 小时会让默默无闻的人变得举世闻名，让原本无用的人变得有利于社会。想想看，那些年轻人在追求无谓的享乐与舒适的过程中浪费了 2 个小时、4 个小时或是 6 个小时，这些时间原本可能带来多大的收益啊！

时间无限，生命有限，在有限的生命里把时间拉长的人就拥有了更多做事情的本钱。鲁迅说，节约时间，也就是使一个人的有限的生命更加有效，也就等于延长我们的生命。

要想科学地利用时间，首先必须知道：1 个小时实际上并没有 60 分钟。事实上，1 个小时内只有你利用到的那几分钟而已。

你一天要浪费几个小时呢？如果你真想知道，不妨来做一个试验。首先，你找一个记事本，把每一天划分成 3 个 8 小时的区域，然后再把每个小时划成 60 分钟的小格。在这整个星期里，你随时把所做的事情记录在表格中，连续做一个星期试验看，再回头来检查记事本，你就会发现：由于拖延和管理不到位，你浪费了许多宝贵的光阴。

当你了解到是如何使用自己的时间之后，再回头重做一次试验。这一次多用点心来计划你的时间，把需要做和想要做的事仔细安排进你的时间表，再看看效率是否会好一点。

科学利用时间有两种基本方法。

一是将每时每刻都计划好，做到这一点，并不比企业家为使生产顺利进行而精心设计生产程序更为容易。一旦你真正做到了严格按事先定好的时间表进行学习、工作时，就一定会把时间充分地利用起来，受益无穷。

二是根据个人特点以及所要做的事情的具体特征，恰当安排好完成这件事的时间。如，对一个学生来说，将朗读语文、外语安排在早晨，文理科的复习交替进行，等等。这样可以使我们在同样的时间内，提高效率，收到"时"半功倍的效果。

时间就是一切，时间是最大的资本。对于抢占阵地的战士来说，时间就是冲锋；对于精明能干的商人来说，时间就是金钱；对于辛勤劳作的工人来说，时间就是财富；对于运筹帷幄的军师来说，时间就是胜利；对于耳鬓厮磨的恋人来说，时间就是爱情；而对于追求成功的人士来说，时间就是生命。

有的人苦恼地说：我实在没有多余的时间啊！这也许是事实，但你不能去"挤"时间吗？时间犹如蓄在海绵里的水，你不去挤它，它就永远待在里面，决不会自动流出来供你使用的。倘若你用劲去挤了，它就会乖乖地流出来。

记住一件事：时间是你唯一可以供给他人或自己的东西。你对时间的利用率越高，就越可以靠它取得好收益；你对时间的利用率越高，成功的概率也就越高。

第四章 ▷

今天我要学会控制情绪

我要学会控制情绪，用自己的心灵弥补气候的不足。我要体察别人的情绪波动，学会宽容。

《羊皮卷》成功誓言

我已经欺骗自己太久了。

我曾经一面恭维我的雇主，一面抱怨我每个小时面对的都是苦差。对我来说，工作是维持生存所要付出的辛酸代价。我出生时，上帝准是闭着眼睛，没有把黄金放在我的手上，把王冠戴在我的头上。以前的我是多么愚蠢啊！

现在我知道，从劳动中结出的硕果，是最甜美的果实。天才可能承担伟大的工作，但必须靠辛勤的劳动才能完成。

在这些《羊皮卷》的帮助下，我终于睁开了眼睛。

要是我把以前用来为避免工作而寻找借口的精力用于想方设法改进工作上，我的工作该变得多么轻而易举啊。

有一个最大的成功秘诀，它使所有其他法则都相形见绌。它无疑包含在数百年、数千年来为创造更加美好的生活而证实了的各项原则中，因为它太难做到了，所以大多数人一再地拒绝它。财富、地位、名誉，甚至难以把握的幸福都会来临，只要我下定决心，每天比原来付出更多的热情和汗水。还有一种方法可以帮助我们记住生活中这条最艰辛的原则：如果人家要求你走1里路，那么你要自觉自愿地多走1里。多少个世纪以来，能够有这样决心的人寥寥无几，而只有他们能享受到成功的殊荣。

从今天开始！

做任何事情，我将尽最大努力。

现在我知道，为了事业兴旺发达，我必须严守职责，并且永远走在时间前面。那些顶尖人物都是不以份内之事为满足的。他们比常人做得更多，走得更远。他们不图回报，因为他们知道最终将尝到硕果。

一个人要想实现自己的目标，离不开艰辛的脑力劳动和体力劳动。如果我不愿付出这样的代价，那么我的未来一定充满眼泪和贫穷，我会为那没有笑声与鲜花的未来顿足捶胸，哀叹自己的不幸。以后我不再为自己感到悲伤，我不再走在老路上。

做任何事情，我将尽最大努力。

我不是被束缚在工作中的奴隶。即使我憎恨那些不得不完成的工作，我还是明白苦差是开掘精神宝藏的必需品，只有它能够改变我的命运。这就好比耕耘播种为的是收获果实一样。假如我没有忘记我是上帝的子民，为成功而降生到这个世上，那么我一定不满足于那些指派给我的工作。

无论我做任何工作，让我为之倾注爱心，那样，我将不会失败。

我每天所做的事情虽然有限，却也是有意义的。世界的进步并不单单靠英雄们有力的臂膀向前推动，每一个诚实工作着的人都贡献着自己的一份微薄之力。对于工作的真爱，不是源于金钱，不是因为时间的消耗或是技能的实践，而是来自对于成功本身带来的骄傲与满足的渴望。

对于出色工作的最大奖赏，就是已经做完了它。

做任何事情，我将尽最大努力。

从此，我要以每天的成绩令世人惊叹。每天我要延长花在工作上的时间，让那多付出的汗水成为明天的投资。有了这种态度，这种在我们这个竞争激烈的世界上罕见的态度，我不会失败。

当然，如果我以这样的态度工作，每天多走一些路程，我必须准备面对那些从不努力工作的人的嘲笑。为了在短暂的一生中有所作为，我必须集中精力，积攒体力和时间，而对那些无所事事的人，我尽量置之不理，就这样吧。

做任何事情，我将尽最大努力。

给我爱，给我工作，只需这两样东西，我就可以过上令人满意的生活。

我知道，没有衣食住所，生活不会幸福；但是当这一切都应有尽有的时候，生活仍然不会幸福。一条小溪，最大的优点在于不断流动，一旦停下来，它就成为一潭死水。对我而言，最好的事情莫过于让自己处于不断的变化中。很少有人意识到，他们的幸福正是建立在工作基础之上的，取决于他们是忙碌辛苦还是静止不前的事实。幸福的第一要素就是有所作为。

做任何事情，我将尽最大努力。

我不再拒绝前行，也不再懒于付出。

从此，我将以全部精力投入工作——不仅要完成计划中的任务，而且还要多做一些。如果我遭受苦难，正像我经常会有的命运；如果我怀疑我的努力，正像我常常想的那样，那么我仍要坚持工作。我要将整个身心倾注到工作之中，那时，天空将变得格外晴朗，在困惑与苦难中，生活中最大的快乐即将到来。

让我遵循这条特殊的成功誓言：做任何事情，我将尽最大努力。

《羊皮卷》成功智慧

学会用理智战胜情绪

要时刻保持清醒的头脑，用理智战胜情绪。因为，人一旦受情绪控制，就会戴上有色眼镜，看不到真实的世界。古波斯诗人萨迪说过："事业常成于坚忍，毁于急躁。"可以这么说，学会控制情绪是成功和快乐的要诀。实际上，没有任何东西比情绪更能影响我们的生活。西方有句经典谚语："上帝要想让他灭亡，必先使其疯狂！"

弱者任思绪控制行为，强者让行为控制情绪。只有积极主动地控制自己的情绪，才能掌握自己的命运！而一旦情绪失控，愤怒就会像决堤的洪水那样淹没人的理智，让人做出不可思议的蠢事。

在美国西部草原上，有一种吸血蝙蝠，身体很小，却是野马的天敌。这种蝙蝠时常附在野马身上，用尖利的嘴刺破野马的皮肤，吸取鲜血。无论野马怎么乱蹦乱跳，狂奔窜逃，都对细小的蝙蝠无可奈何。野马用蹄子踢，用身体撞，对蝙蝠一点作用都没有，蝙蝠仍然紧紧地叮在野马身上、头上、腿上，终于，野马因为暴怒和失血，无奈地死去了。

其实小小的蝙蝠吸取的血液极其有限，真正导致野马死亡的，是它的暴怒。伏尔泰曾经一针见血地指出，使人疲惫的，不是远方的高山，而是鞋里的一粒沙子。同样，使人走向疯狂的，不是环境，而是他的情绪和心态。

从心理上讲，发怒的人一般气量狭小，虚荣心过强，或缺乏修养，自制力差。暴怒、狂怒，还会破坏人的健全思维能力，瓦解自制力，使人做出失去理智的事情，伤害他人，最终给自己带来麻烦。"怒从心头起，恶向胆边生"，说的就是这个道理。

从生理的角度来看，动辄发怒是情绪不健康的表现。人在发怒时，会心跳加快，呼吸急促，肌肉绷紧，毛发倒竖，鼻孔开大，双眼圆睁，咬牙切齿，要消耗比平时大得多的能量。过度的发怒，还会造成神经紧张，脸色苍白，浑身发抖。发怒过多，心脏、大脑、肠胃都会受到损害，严重时会夺人性命。传说，聪明盖世的周瑜就是被诸葛亮气得吐血而死。

综观世界，大凡有所成就人的性格情绪，都是非常鲜明而稳定的。对于一般人来说，如何控制情绪是一大难题。所以，脾气火暴的人应该有意识地学会控制自己的情绪，学一些小窍门。

要学会自我控制，锻炼坚强的意志，能够在一定程度上直接控制自己情绪，克服不良情绪的影响。平时要特别注意培养自己的自制力，针对自己的实际情况采取一些有效方法来克制自己的情绪。比如，当你感到气愤难消时，就在心中暗诵26个英文字母以制怒。著名作家巴波与人吵嘴时，就把舌尖放在嘴里转10圈，以使心情平静下来。

有时，不良情绪是不易控制的。这时，必须采取迂回办法，把自己的情感和精力转移到工作学习或活动中去，使自己没有时间和可能沉浸在这种坏情绪之中，从而将情绪转化。

消除不良情绪，最好的方法莫过于使之"宣泄"。切忌把不良情绪埋于心里。如果你感到悲痛欲绝或委屈之极时，可以向至亲好友倾诉，也可以靠运动来发泄，或者拿起笔将自己的不满和苦恼写在纸上，这样心里会好过点。

当情绪不佳时，还可以去看看电影，打打乒乓球，或者漫步于林荫小径，或者游泳、划船等。改变一下环境，离开使你心情不快的地方，能改善你的自我感觉，能重新调整思想情绪，消除不良因素，从而释放自己。

幽默与欢笑也是情绪的调节剂，它能缓冲恶不良的情绪。幽默给人带来快乐，使人发笑，而笑可以驱散心中的积郁，笑是衡量一个人能否适应周围环境的一个尺度。

要真正做到遇事不怒，还得在平时加强自我道德修养，培养良好的性格，保持乐观向上的精神等，这样才能够防"怒"于未然。如果你实在感到愤怒，那么就试着微笑吧。

控制自己的不良情绪

常言道，小不忍则乱大谋，只有忍辱才能负重。一个人成功与否的标志，不是看他笑得有多美，而是看他是否能笑到最后。只有那些能够控制自己情绪的人，才能最终赢得胜利。要想把握自己，就必须控制好自己的思想，必须对思想中产生的各种情绪保持警觉，并且视其对心态影响的好坏而决定取舍。乐观会增强你的信心和弹性，而仇恨会使你失去宽容和正义感。如果你无法控制自己的情绪，你的一生将会因为不时的情绪冲动而受到伤害。

情绪是属于自己的。一个人的情绪如何，往往只从维护自身的自尊和利益出发，而不对事物做复杂、深远和智谋的考虑，结果，常使自己处于很不利的地位或为他人所利用。本来，情感离智谋就很远了，情绪更是情感最表面的部分、最浮躁的部分，以情绪做事，焉有理智可言？不理智，能够胜算吗？看来是不可能的。但是我们在工作、学习、待人接物中，却常常依从情绪的摆布，头脑一发热（情绪上来了），什么蠢事都愿意做，什么蠢事都做得出来。比如，因一句无甚利害关系的口角，我们便可能与人打斗，甚至拼命（诗人莱蒙托夫、诗人普希金与人决斗死亡，便是此类情绪所为）。又如，我们因别人给的一点假仁假义而心肠顿软，人犯根本性的错误（西楚霸王项羽在鸿门宴上耳软、心软，以致放走死敌刘邦，最终痛失天下，便是这种情绪所为）。还可以举出很多因情绪的浮躁和不理智等犯下的过错，大则失国失天下，小则误人误己误事。事后冷静下来，自己也会感到其实可以不必那样。这都是情绪的躁动和亢奋，蒙蔽了人的心智所致。

楚汉之争时，项羽将刘邦父亲五花大绑地陈于阵前，并扬言要将刘公剁成肉泥，煮成肉羹而食。项羽意在以亲情刺激刘邦，让刘邦在父情、天伦的压力下，自缚投降。刘邦很有智慧，没有为情所蒙蔽，他的大感情战胜了亲情，他的理智战胜了一时心绪，他反以项羽曾和自己结为兄弟之由，认定己父就是项父，如果项某愿弑其父，剁成肉羹，他愿分享一杯。刘邦的超然心境和不凡举动，令项羽始料未及，以至于无策回应，只能草草收回此招。

三国时，诸葛亮和司马懿在祁山交战，诸葛亮千里劳师欲速战决一雌雄。司马懿更聪明，他以逸待劳，坚壁不出，欲耗尽诸葛亮士气，然后伺机求胜。诸葛亮面对司马懿的闭门不战，无计可施，最后想出一招，送一套女装给司马懿，羞辱他如果不战乃小女子是也。古人很以男人自尊，尤其在军旅之中，更是不可失去尊严。如果在常人，定会接受不了此种羞辱。司马懿另当别论，他落落大方地接受了女儿装，情绪并无影响，而且心态依然甚好，还是坚壁不出，连老谋深算的诸葛亮也几乎对他无计可施了。

生活中，很多的人容易成为情绪的俘虏。在诸葛亮七擒七纵孟获的战役中，孟获便是一个深为情绪役使的人，他之所以不能战胜诸葛亮，非命也，实人力和心智不及也。诸葛亮大军压境，孟获弹丸之王，不思智谋应对，反以帝王自居，小视外敌，结果完全不是对手，一战即败。败后，本应坐下慎思，再出应对之招，但他却自认一时晦气，以为再战必胜。再战，当然又是一败涂地。如此几番，把个孟获气得浑身颤抖。又一次对阵，只见诸葛亮远远地坐着，摇着羽毛扇，身边并无军士战将，只有些文臣谋士。孟获不加深想，便纵马飞身上前，欲直取诸葛亮首级。可想，诸葛亮已将孟获气成什么样子了，也可想孟获已被一己情绪折腾成什么样子了。结果，诸葛亮身前有个陷马坑，孟获眼看将至诸葛亮面前时，却连人带马坠入陷阱之中，又被诸葛亮生擒。孟获败给诸葛亮，除去其他各种原因，他生性爽直，缺乏脑筋，易为情绪蒙蔽，也是重要的因素。

情绪误人误事的例子，不胜枚举。一般心性敏感、头脑简单的人，或年轻人，容易受情绪支配，头脑容易发热，常常把事情办坏。问一问你自己，你爱头脑发热吗？爱情绪冲动吗？检查一下自己曾经因头脑发热和易于冲动做过哪些错事、傻事，以警示自己的未来。

记住，情绪成就一切。如果你正在努力控制情绪的话，可准备一张图表，写下每天的体验以及控制情绪的次数，这种方法可使你了解情绪发作的频繁性和它的力量。

一旦你发现刺激情绪的因素时，便可采取行动除掉这些因素，或把这些因素找出来充分利用。

将你追求成功的欲望，转变成一股强烈的执着意念，并且着手实现明确的目标，这是使你学会情绪控制能力的两个基本要件，这两个基本要件之间，具有相辅相成的关系，而其中一个要件获得进展时，另一要件也会有所进展。

敢于做情绪的主人

情绪是人们对客观事物的体验，是主观对客观的一种感受，保持乐观向上的精神状态，让自己进入洒脱豁达的境界，就等于掌握了生命的主动权。

人的情绪对健康影响极大，愉快的情绪会给人的健康带来正面影响，悲观的情绪会给人以负面影响，诱发各种疾病，或使原有病情加重。喜怒哀乐是人之常情，生活中一点烦心事没有是不可能的，关键是如何有效地调整控制自己的情绪，做情绪的主人。

　　善于处世，需要良好的心理素质，这是人所共知的道理。一个人是否能控制自己的情绪，使之适应不同的办事对象和办事儿环境，也很重要。

　　处险而不惊，遇变而不怒。如果你不能及时控制调整自己的情绪来适应办事的需要，那么在复杂的群体和环境中就没法办事。

　　学会控制自己的情感和行动，这在办事中是很重要的。在门被"砰"的一声关上，玻璃杯被砸碎，一阵咆哮声以后；在被人无情地冒犯之后；当我们在办事时犯了一些不该犯的错误时，我们的情感如何呢？

　　是否会动辄勃然大怒？你可能会认为发怒是生活的一部分，可你是否知道这种情绪根本就无济于事？也许，你会为自己的暴躁脾气辩护说："人嘛，总会发火、生气的。"或者是"我要不把肚子里的火发出来，非得憋出病来。"

　　尽管如此，愤怒这一习惯行为可能连你自己也不喜欢，更别说别人了。

　　同其他所有的情感一样，愤怒是你思维活动的结果。它并不是无缘无故产生的。当你遇到不合意愿的事情时，就认为事情不应该是这样的，于是开始感到灰心，随后，便是一些冲动的相伴动作，这是很危险的，对办事者来说，不会有什么好结果可言。

　　痛苦的感受会侵蚀我们的自尊。

　　我们也许会在早上起床时觉得自己像个百万富翁，但有时候，只1秒钟的时间，一个不赞成的、轻视的念头，或想起过去失败的一件事，就可以使我们刹那间觉得自己一文不值。

　　我们也许有洞察力，有先见之明或后知后觉，然而只要有人碰触到我们敏感的枢纽，或是悲剧发生，这些都会在一瞬间逃得无影无踪。这时我们的每一根神经就会充满了感情，把所有理智的声音淹没掉。

我们之中绝大多数人都很熟悉下面这些症状：麻木、失眠、疲倦、沮丧、叹息，太多的事要做但没有兴趣做，以致做事没有条理，悲伤，失去热忱，感到寂寞和空虚。

令人感到欣喜的是，虽然我们不能防止坏的感受来临，但我们却能阻止它们的停留。

《你的误区》的作者韦恩·戴埃说："你应对自己的情感负责。你的情感是随思想而产生的，那么，你只要愿意，便可以改变对任何事物的看法。首先，你应该想想：精神不快、情绪低沉或悲观痛苦到底有什么好处？而后，你可以认真分析导致这些消极情感的各种思想。"

一位演讲人站在一群嗜酒者面前，决心向他们清楚地表明，酒是一种邪恶之源。在讲台上摆着两个相同的盛有透明液体的容器。演讲人声明一个容器中盛有清水，而另一个容器则装满了纯酒精。

他将一只小虫子放入第一个容器，在大家的注视下，小虫子游动着，一直游到了容器边上，然后径直爬到了玻璃杯的上沿。这时他又拿起这只小虫子，将它放入盛有酒精的容器，大家眼看着小虫子慢慢死掉了。

从上面这个例子可以看出，在我们办事的过程中，愤怒、沮丧就像酒 样，它可以使我们即将要办的事功亏一篑。

我们可以这样设想：当一个人无意中触痛了你的敏感之处，你就不假思索地乱喊乱叫起来，人家对你的印象还会好吗？当对方同意你的一个问题时，你就高兴得手舞足蹈，他们对你的印象还会好吗？也许他们认为你太幼稚了。

　　麦克科·迈克说过这样一个例子：一个星期六的上午，他去会见某公司主管。约见地点是这位主管的办公室。主人事先说明谈话会被打断20分钟，因为他约了一个房地产经纪人。他们之间关于该公司迁入新办公室的合同就差签字了。

　　由于只是个签字的手续，主人允许麦克科·迈克在场。

　　这位房地产经纪人带来了平面图和预算，很明显已经说服了他的顾客，就在稳操胜券的时候，他做下一件蠢事。

　　这位房地产经纪人最近刚刚与迈克的主要竞争对手签了租房合同。他大概很兴奋，仍然陶醉在自己的成功之中，开始详细描述那笔买卖是如何做成的，接着赞美那个"竞争对手"的优秀之处，称赞其有眼力，很明智地租用了他的房产。麦克科·迈克猜想接下去他就要恭维自己也做出了同样的决策。

　　迈克站了起来，谢谢他做了这么多介绍，然后说他暂时还不想搬家。

　　房地产商一下子傻眼了。当他走到门口时，迈克在后面说："顺便提一下，我们公司的工作最近有一些创意，形势很好，不过这可不是踩着别人的脚印走出来的。"

　　房地产经纪人在关键时刻忘了对方，只顾着欣赏自己已取得的推销成果，而忽略了买方也有其做出正确抉择的权利。

　　可见，学会控制自己的感情行为，在处世中是很重要的。

　　应当牢记的处世之道是，不论在与人交往过程中发生了什么不如意的事，都不要轻易发作，一旦你发作出来，无论对人对己，都不会有好结果。所以要控制你的情感！也许这对绝大多数的人来说不那么容易，但却有必要这样做，因为这是你处世成功的必要心理基础。

宽容能化解对方的怒气

屠格涅夫说过："不会宽容别人的人，是不配受到别人的宽容的。"这说明了宽容是相互的，宽容别人的过失能够给自己带来海阔天高的恬淡心境，宽容能化解人际关系危机。宽容是人类生活中至高无上的美德，是人类情感中最重要的一部分，这种情感能融化心头的冰霜，营造温暖和谐的生活氛围。

任何人都会有犯错误的时候。犯错误势必会影响事情的顺利进行，甚至导致很不好的结果。每个人都不希望看到错误的产生，可以说犯错误是引发人际矛盾的危险点。因为人都处在一个相互联系、相互依存的人际网中，一个人的错误也许会给很多人造成影响。

因此，如果因自己的错误给别人造成利益或其他方面的损失，即便这些错误有时是无心的，别人肯定也会生气，而这时犯错的当事人也正处在烦躁期，如果争执起来，势必引发矛盾，恶化人际交往关系。因此，假如自己犯了错误，并给别人带去伤害，引起别人的愤怒时，一定要积极地承认自己的错误，用宽容的心去接受别人的批评，消除对方心中的怒气，化解可能产生的矛盾冲突。

"知错能改，善莫大焉"，是说犯了错误不要紧，重要的是要能及时改正自己的错误。而有的人明明是自己错了，但还是死要面子，顽固地维护自己虚伪的自尊心，拒不承认错误——这往往是矛盾产生的根源。那么，怎样才能在自己犯了错误之后最大限度地化解他人心中的怒气，避免矛盾冲突的产生呢？答案就是，真诚地承认自己的错误，宽容地接受别人的批评，坦率地进行自我批评。

每个人都要为自己的错误埋单，如果我们知道自己错了，肯定是要受到责备的，为何不自己先主动地认错，心胸宽阔地进行自我批评呢？接受自我批评不是比挨人家的批评责备会好受得多吗？如果你犯了错误之后，毫不客气而又诚恳地对自己做出批评，这样，别人十之八九都会对你勇于承认错误表示敬佩，从而宽恕你的错误，消解心中的怒气。

费丁南·华伦是一位商业艺术家，他使用这个方法获得了一位暴躁易怒的艺术品主顾的好感。下面是他在自己的回忆录中记录的一件事情：

有些艺术编辑总是要求他们交下来的任务能立即完成，在这种情况下，难免会发生一些小错误。我认识某一位艺术组长，工作要求非常严格，他不管你是因为什么原因导致过失，都会很严厉地进行批评。我每次离开他的办公室时，总觉得倒胃口，因为他的批评实在过于严厉。一次，我交了一件匆忙完成的画稿给他，他打电话给我，要我立即到他的办公室去，说是出了问题。

当我到了他的办公室后，正如我所料的那样，麻烦来了。他阴沉着脸，严肃地坐在那里，皱着眉头死盯着我那份稿子。看到我进来，他面无表情地看了我一眼，火山爆发般地对我进行了一通批评，然后直直地看着我等待我的反应。我知道，这时候不管我做怎样的解释都是徒劳的。于是，我想到了这正好是我运用所学到的自我批评的机会。因此我说："先生，你的话不错，我的失误一定不可原谅。我为你画稿这么多年，实在该知道怎么画才对。我觉得惭愧。"他的脸上出现了诧异的表情，虽然只是转瞬即逝，但我知道我的方法起到了效果。于是我继续进行自我批评，并很真诚地接受他的批评和指责。他听了一会，在我说话的间隙开始委婉地为我辩护起来："是的，你的话没有错，不过这终究不是一个严重的错误。只是……"我打断了他的话。我说："任何错误要付的代价都可能很大，叫人不舒服……"在我说话期间，他一直想插嘴，但我不让他插嘴。"……我应该更小心一点才好,"我继续说,"你给我的工作很多,照理应该使你满意,因此,我打算重新再来。"

"哦!……不用!不用!"他急切地反对起来,"其实你的稿子我一直都蛮欣赏的,虽然偶尔有点瑕疵,但总体上是很好的……"他开始赞扬我的作品,并告诉我只要稍微改动一点就行了,还说我的错误只是一点小毛病,不会多花公司多少钱,要我不必太担心,不要有心理负担。至此,这位艺术组长的怒气消然无存,对我从最初的不满变为非常欣赏。最后,他还邀我同进午餐,分手之前,他开给我一张支票,又交代我另一件工作。

宽容是一种超然的人生境界,是一种退一步海阔天空的释然。通常情况下,人们都会为自己的错误辩解,认为通过辩解能够消除别人对自己的怨怒。其实并非如此,假如事情真是你的错,辩解只能让对方觉得你是在逃避责任,只会给人更坏的印象。这时,如果能坦诚承认自己的错误,则会真正地得到他人的谅解,得到别人的欣赏和尊重,并借此化解人际交往中的矛盾冲突。

艾柏·赫巴是曾闹得满城风雨的最具独特人格的作家之一,他那尖酸刻薄的笔触经常惹起一些人的强烈不满。但是赫巴凭借他宽广的胸怀、宽容的态度,能以少见的为人处世的技巧,巧妙地化解别人心中的怒火,使那些原本对他心怀恼怒的人成为自己的朋友。

譬如,当有些人读完他的作品后,因不满他文中某些言论或观点而写信给他,在这些信中,除了表示对他的文章不以为然外,结尾又痛骂他一顿。这时,赫巴就会这样回答:"回想起来,我也不尽然同意自己。我昨天写的东西,今天不见得全部满意。我很高兴你对这件事的看法。下次你来附近时,欢迎光临,我们可以交换意见。"就这样,赫巴凭借着宽容的态度,真诚地接受别人的批评,不仅获得了大家的尊敬和爱戴，也最终成就了他辉煌的人生。

不难看出，一个人想要成功，首先必须具备宽广的胸怀。在人际交往中，当对方生气发怒时，如果在我们正确的时候，要宽容地去理解对方的误解和发怒，试着用温和的、巧妙的方法使对方同意和支持自己的观点，消除对方心中的怒气。然而，当对方的怒气是因为自己的错误造成时，就应该勇敢地承担起责任，迅速而坦率地承认自己的错误，心怀宽阔地接受别人的批评。请相信，这种技巧能很快地平息对方的怒气，而且在任何情形下，都比你自己百般掩饰和争辩有用得多。宽容的心就像一望无际的大海，能消解掉一场即将爆发的矛盾冲突。

如果我们能心存宽容，真诚待人，宽以待人，不斤斤计较别人的指责，勇敢地承担自己的过失，就能尽可能多地赢得别人的好感、信赖和尊敬，就能较好地与周围的人和睦相处，在自己的人生道路上轻松愉快地前行。

世上有很多事情，真实的原委以及背后的道理都是我们一时无法看到的。消除误会、消解愤怒的灵丹妙药是宽容。所以，面对别人愤怒的指责和批评时，不管自己是对是错，都不要急着辩解，更不要因此而发怒，大动干戈。当遇到这种情况时，我们不如提醒自己：以怒对怒是缺乏智慧的表现，那样只会让人因为已有的错，再犯下更多的错，激化已有的矛盾冲突。何不用宽广的心胸去暂时包容对方的愤怒，然后用宽容的态度慢慢化解对方的怒气，给自己和他人制造多一些的感动和温暖。

一家公司的老板正在气头上，他对公司经理大声斥责。经理回到家对妻子大声斥责，说她太浪费了，因为他看到餐桌上的饭菜太丰盛了。妻子对儿子大声斥责，因为他干什么都慢悠悠的。儿子对保姆大声呵斥，因为保姆打碎了一个碟子。保姆没好气地去扔碎碟子，却又伤着了一位行人。

行人是一位妇人，她哭闹一番后赶紧去医院治伤。她对护士大声呵斥，因为护士上药时弄疼了她。护士回到家里对母亲大声斥责，因为母亲做的饭菜不合她的口味。母亲并不生气，宽容地微笑着，温和地对她说："好孩子，明天我一定做你合口的。你忙了一天一定很累，吃了饭就休息吧，我给你换了一床新被子……"

"怒气循环"终于在宽容善良的母亲这里消解了。

日常生活中免不了会有发怒的时候，而怒气最容易传染和循环。怒气是一种疾病，在人的心里制造痛苦，并通过痛苦的心传播蔓延。问题是，你愿不愿意接受它的传染？愿不愿意让它给你带来痛苦？愿不愿意再把痛苦传染给更多的人？而这一切完全取决于你自己的决定。当你遇到"怨恨循环"时，如果你因别人对你的触犯而发怒，只会继续把怒气传递下去，给更多的人带去烦恼和伤心。何不用宽容和爱心去终结它？也许你忍下了一时之气，就会成为这场"怒气循环"的终结者；如果你以宽容的心去理解和体谅别人，改变了那怒气的本质，那么你又将成为"宽容循环"的启动者。

哲学家康德说："生气，是拿别人的错误惩罚自己。"这表现了康德宽容、淡然的心态。别人犯了错，如果我们能够以康德这样宽容的心去看待，我们就不会雷霆万钧了。自己犯错触怒了别人，如果我们能够以宽广的心胸去接受批评，进行自我批评，那么对方的怒气也会被你的宽容所消解，良好的人际关系就在这温暖、恬淡的宽容中形成了。

做人做事莫凭义气

"义气"一词在《辞源》上有两种解释，一是指"刚正之气"，二是指"忠孝之气"。

如今在不少人眼中，"义气"一词的含义已经发生了畸变，狭义地变成了"为朋友两肋插刀"。其实义气是讲原则的，如果不辨是非，不顾后果地迎合朋友的不正当需要，这种义气就是一种无知和盲从，是与现代文明社会极不相容的。人之相知，贵在知心。如果与心术不正的所谓"朋友"纠缠不清，自己就可能陷入一个迷魂阵里，害人害己。

义气是无穷的领域，又是犯罪的深渊。它既是一剂苦口的良药，也是一剂剧烈的毒品。它可以带来善良的微笑，也可以带来凄苦的痛楚。

义气大多与一个人的道德和修养有着密不可分的关系，一个人的道德高尚修养良好，才有做大事的本领，才有坦荡宽阔的胸怀，遇见各种突发事件才会有随机应变的才智，能把结果掌控在自己手里。这种人还会有一种强烈的、具有说服力的自信心。反之那些道德低下，没有修养的人，结交一些狐朋狗友，整天只会称兄道弟，心胸极为不宽阔，遇事也极不冷静，最终会给自己的生活带来种种麻烦。

传说溧水在春秋战国时属于吴楚交界地，因为两国的争夺，它一会是楚国的濑渚邑，一会是吴国的平陵邑。燕国的左伯桃、羊角哀关系一直不错，听说楚国招纳贤人，两人就结伴去楚国。当衣衫单薄的他们走到东刘村时，遇到大风雪，干粮即将吃完，周围又地旷人稀。左伯桃担心继续走下去，两人不是被冻死，就是会饿死，于是寻思把自己的东西给羊角哀一人用，这样羊角哀或许还能活下来。羊角哀也同意左伯桃的话，但两人谁也不肯眼睁睁看着另一个人死掉，各不相让只好作罢就地休息。第二天醒来，羊角哀发现身上盖着左伯桃的衣服，旁边还放着左伯桃的干粮，但却不见左伯桃的踪影，后来发现，左伯桃已经冻死在附近的一个树洞里。羊角哀把树洞封好做了标志后，一边抹泪一边出发。到了楚国后，羊角哀很受楚王的器重，被封为大将军，但他心里一直牵挂着好友左伯桃，就把他们的故事告诉了楚王，请求去拜祭左伯桃。楚王深为感动，当即准假。羊角哀把左伯桃安葬好后，就落宿在附近，夜里听到厮杀声，左伯桃托梦告诉他，附近的荆将军（有人称是刺秦王的荆轲）经常欺侮他。天明，羊角哀想去拆荆将军庙，但遭到当地土人的反对。第二夜，他又听到厮杀声，不忍好友受欺，就自刎前去帮战。当地人很受感动，就把两人的尸首合葬在一处，取名"义气冢"，世代相传。

毛宗岗称之为"三国三绝"中的"义绝"；金圣叹则赞之为"义绝千古"。而最能表现这种"义"的莫过于《三国演义》第二十五回中的描写。关羽被曹操人马重重包围在一个土山上，无法冲出。曹操派关羽故交张辽劝降，这对关羽来说是一个严峻的考验。因为他面临着一个两难的选择：要么投降，然而这样就辱没了他的名声；要么死战，然而这样就会像张辽列举的那样，有三条罪状，即负桃园结义之盟，负刘备倚托之重，逞匹夫血气之勇。怎么办？关羽边听张辽的主意，边积极思考对策，最后提出了三条要求：一、只降汉帝，不降曹操；二、善待二位皇嫂；三、一旦有刘备的消息，马上离去。曹操听了张辽的汇报，爱才心切的他几乎没加思索就同意了关羽的三条要求。曹操满心以为只要自己施以高官厚禄、黄金白银、美女骏马，何愁关羽不动心，不死心塌地地为自己所用。不料，关云长听到刘备在袁绍处后，坦言"新恩虽厚，旧义难忘"，还是挂印封金，过五关斩六将，毅然离他而去。曹操因为先前同意了关羽的三条要求，也不好意思为难关羽，只落得竹篮子打水，空欢喜一场。

历史上对于讲义气、杀富济贫等英雄行为，也给予了热情的赞扬。大家都熟悉的古典小说《水浒》，写了梁山一百零八将的故事，可以说就是一部"义气传"。刘备、关羽、张飞桃园三结义也是历来广为流传、脍炙人口的故事。但现代的哥们义气绝非历史中所谓的英雄义气。哥们义气害人害己。它往往以维护小团体利益为出发点，为了报恩或复仇，不惜牺牲和损害社会或他人的利益。对不是自己的"哥们"则不讲感情，不讲友谊，结果必然是害人、害己、害社会。

讲哥们义气的人常自我标榜："只要对方有什么事，另一方必赴汤蹈火"。这样的承诺，隐含着非常恐怖的逻辑。因为它意味着，只要一方有求于己，另一方必然要赴汤蹈火，即使是违法犯罪，也在所不惜。这已经是典型的"江湖义气"了。我们所熟悉的还有"两肋插刀""上刀山，下火海""有福同享、有难同当、有仇必报"，等等。

不管三七二十一、不分青红皂白，是"兄弟"就讲"江湖义气"，打架斗殴，抢劫偷盗，甘冒天下之大不韪也要触犯法律。大量事实表明，讲"江湖义气"的人，到头来只会害了朋友、害了自己。要知道，我们的头上有法律，我们的心中有道德。为了"哥们儿"，将他人的生命、财产置之不顾的，是"私情"大于法，法律绝不允许。

古人说："君子有所为，而有所不为。"就是说，朋友间是得讲义气，但如果朋友的所作所为违背了一定的道德规范和法律，那么你的帮助无疑是一种纵容；不是真的帮他，而是在害他，唯有好好劝说才对；反之，如果你的帮助对朋友有利，是往好的方向发展，那就是对的，要尽力而为之，未必就非得两肋插刀不可。生活中，谁都有若干朋友。歌中唱得好，"千里难寻是朋友，朋友多了路好走"。我们要珍惜的是纯洁的友谊，而不是那种违法犯罪的"江湖义气"。

君子之交淡如水，如果是正常的友谊，绝不会要求你去"赴汤蹈火"的。需要"赴汤蹈火"的，多半都在干违法勾当。近朱者赤，近墨者黑，交友应慎重。

随着社会的进步，人们的行事原则都要以法则为准绳，如果还抱着所谓的"江湖义气"不放，就只能回到几百年以前去了。

其实我们为人处世有两条原则：一是以"做好事"为标准，二是以"处好人"为标准。有人把前者作为最终目标，而有人却以后者为目标。如果以后者为目标，那么他的一切将以讨好别人为出发点，以情面为准则，这种人是肯定做不好事的。光凭义气行事的人就是以处好人作为他的毕生目标，似乎一辈子有许多哥们朋友夸他够义气，他也就心满意足了。这是很不足取的。在一般情况下，朋友间互相帮助并没什么不可以，但如果其中掺入不正确的"义气"，就会生发危险。有的人能清醒、理智地对待问题，当互帮互助和原则问题发生冲突时，能以遵守法则为重；如果一味地以所谓的"义气"为重，那就可能冒犯法则，到头来是既帮了朋友，又害了自己。这样的例子是举不胜举。

要把"义气"之害减到最低程度，首先是要学法，把法律牢牢地记在心头，当你冲动的时候，法律观念会及时浇水灭火，让你清醒。

其次，要养成不轻易承诺的习惯。有些人是因为要面子而随口承诺别人，然后为保面子就铤而走险，结果是丢了大面子。所以要保面子就要舍得丢小面子，在开始的时候要考虑清楚，不要一时冲动，造成千古之恨。

最后，要勇于拒绝别人。如果明摆着此事要冒险，那就该想想：

对方不顾我的安危让我去犯法，这是不够朋友，我也没必要太够朋友。朋友首先应为对方考虑，如果为了自己的利益而让朋友去冒险，那是卑鄙的，完全可以理直气壮地拒绝。

得意时不要迷失自我

俗话说"满招损，谦受益"，那些才华出众又喜欢自我夸耀的人，必定会招致他人的反感，常常暗中吃大亏且不自知。有锋芒也有魄力，在特定的场合显示一下自己的能量，是很有必要的，但是如果太过，不仅会刺伤别人，也会损伤自己。做大事的人，过分外露自己的才能，只会招致别人的忌妒，导致自己的失败，无法达到事业的成功。更有甚者，不仅会因此失去前途，还会关乎身家性命，所以有才华的人要含而不露，对他人不可过于耿直地指责和批评。

如果一个人骄傲自满，狂妄自大，道德不修，即便是亲近的人也会厌恶他，离他远去。古代像禹、汤这样道德高尚的人，尚怀有自满招损的恐惧，那么普通人更应该克制自己的狂妄、自满之心。

人生处在顺境和得意时，最容易得意忘形，滋生败象，所谓"乐极生悲"。看过电影《特洛伊》的人，想必都会记得特洛伊王国是怎样被毁灭的。特洛伊人与入侵的希腊联军作战，双方互有胜负，后来联军中有人献技，假装全部撤退，留下一匹大木马，并将勇士藏在马腹内，其他的主力部队则躲在附近。特洛伊人望着远去的舰队，以为敌人真的撤退了，于是将木马拖入城内，歌舞狂欢，饮酒作乐。就在他们进入梦乡之时，木马中的敌人纷纷跳出，打开城门，里应外合，于是特洛伊灭亡了。

这个故事给我们的教训有两点：一是得意时不要高兴得太早，否则失意马上就到；二是失败也莫生气，危机即转机，失败后面可能就是成功，遇到挫折时，要咬紧牙关，坚忍自强，逆境即将过去，前程自会一片光明。好业绩来得不易，但更难得的是如何保持好业绩。在成功之时，你最多只能高兴5分钟，因为你若不努力，第6分钟就会有人赶上你，甚至超过你。

因此，当你被上级提升或嘉奖的时候，如果你常常自鸣得意，那你就要好好学一学涵养的功夫，把你那因升迁而引起的过度兴奋压下去，因为在你没有达到心中既定的伟大目标前，中途的一些升迁，真可说是微乎其微的小事。也许你在实行一个计划时，一着手就大受他人夸奖，但你必须对他们的夸奖一笑置之，仍旧埋头苦干，直到心目中的大目标实现为止。那时人家对你的惊叹，是远非起初的夸奖所能及的。

美国汽车大王亨利·福特曾说："一个人如果自以为有了许多成就就止步不前，那么他的失败就在眼前了。许多人一开始奋斗得十分起劲，但前途稍露光明后，便自鸣得意起来，于是失败立刻接踵而来。"

一个人是否伟大，是可以从他对自己的成就所持的态度看出来的。因此，即使你的运气极好，也莫要得意忘形，积累你的成就，作为你更上一层楼的阶梯吧。

得意时最不易避免的是炫耀，失意时最不该学会的是抱怨；在得意时最忌讳的是把握不住的"四面开花"，失意时最需要的是"换一条路走走"。其实，得意不一定就是得到，失意也并非就是失败。因此，当失意的半面墙壁坍塌时，要紧的是最先护卫住你人格的完整。

在现实社会中，总是有些人喜欢在别人面前夸耀自己，认为自己的学识、修养、兴趣高人一等。每每遇到亲戚朋友，就开始迫不及待地大肆吹嘘自己的心得体会，殊不知这样往往会让周围的人不知所措，甚至产生厌烦。

所以，每逢开口说话，不管是什么内容，都要注意不要让别人产生被比下去的感觉。

有一次，一位先生约了几个朋友来家里吃饭，这些朋友彼此都是熟识的。他们聚拢来主要是想借着热闹的气氛，让一位目前正陷于低潮的朋友心情好一些。

这位朋友不久前因经营不善，关闭了公司，妻子也因为不堪生活的压力，正与他闹离婚，内外交逼，他实在痛苦极了。

来吃饭的朋友都知道这位朋友目前的遭遇，大家都避免去谈与事业有关的事，可是其中一位姓吴的朋友因为目前赚了很多钱，酒一下肚，忍不住就开始大谈自己的赚钱本领和花钱功夫，那种得意的神情，在场的人看了都有些不舒服。那位失意的朋友低头不语，脸色非常难看，一会儿去上厕所，一会儿去洗脸，后来就提早离开了。

一出门，他愤愤地说："老吴会赚钱也不必在我面前说得那么神气。"

人人都会经历人生的低谷，人人都会遇上不如意的事，这时，在失意的人面前炫耀自己的得意之处，无异于把针一根根地插在别人心上。既伤害了别人，对自己也没有什么好处。

因此提醒你，与人相处，切记——不要在失意者面前谈论你的得意。

如果你正得意，要你完全不谈论得意的心情不太容易，哪一个意气风发的人不是如此？但是在谈论得意时要看场合和对象，你可以在演说的公开场合谈，对你的员工谈，享受他们投给你的钦慕的眼光，就是不要对失意的人谈，因为失意的人最脆弱，也最多心，你的谈论在他听来都充满了讽刺与嘲弄的味道，让失意的人感到你

"看不起"他。当然有些人不在乎，你说你的，他听他的，但这么豪放的人不太多。因此你所谈论的得意，对大部分失意的人是一种伤害，这种滋味也只有尝过失意的人才知道。

一般来说，失意的人较少具有攻击性，郁郁寡欢是最普遍的心态，但别以为他们只是如此。听你谈论了自己的得意后，他们普遍会有一种心理——忌恨。这是一种钻到心底深处的对你的不满，你说得口沫横飞，却不知不觉已在失意者心中埋下了一颗炸弹，多么划不来。

失意者对你的忌恨不会立刻显现出来，因为他无力显现，但他会透过各种方式来泄恨，例如，说你坏话，扯你后腿，故意与你为敌，主要目的则是——看你得意到几时，疏远你，避免和你碰面，以免再听到你的得意话，于是你不知不觉就失去了朋友。

当你有了得意事，发了财或是一切顺利，切忌在正失意的人面前谈论。

就算在座没有真失意过的人，但总也有景况不如你的人，你的得意还是有可能让他们起反感的。人总是有忌妒心的，这一点你必须承认。

所以，得意之时就应该少说话，而且态度要更加谦逊，尤其是在面对你的商业客户时，更应谨记这一点。

一个男人在事业上取得一点点成绩，非常得意，就宴请一帮同事吃饭，其中一个是他心仪已久的女孩。酒足饭饱，男人离开了酒桌，坐到心仪的女孩身边，伸手把女孩揽入自己怀里。女孩挣脱了他的怀抱，请他自重。男人立即变色，说了一大堆贬低女孩的话。女孩郑重地对他说："本来我不想吃你的饭，最后还是来了，我是尊重你。你不要吃不到葡萄就说葡萄是酸的。请你记住，尊重别人就等于尊重你自己！"

原来他这么轻浮和心胸狭窄，是他自己暴露的。

一个女孩，自以为长得还不错。才到新单位上班，立即有两个男士对她大献殷勤。这个女孩当晚就得意地打电话告诉她的一位同学："这个单位没有美女，我一来到这里好多人追我！"谁知后来这话传到单位女同胞们的耳朵里，引起了公愤。女孩的处境变得很尴尬。

女孩，或许你以为自己真长得不错，但是，不要忘了"山外有山，人外有人"，得意忘形时你的缺点就会暴露无遗。虚荣、自恋、自大，这些缺点都是你自己暴露出来的。

在动物世界里有这样一则故事：一匹小马躺在河中心，它舒服地享受着河水的清凉。岸边有一只老虎，正虎视眈眈地望着河中的小马，却不敢轻举妄动。因为，老虎不知道水的深浅。小马以为老虎怕水不敢吃它，于是得意地站起来。老虎看见了，哈！原来水这么浅，只及你膝！于是小马立刻成为老虎的一顿美餐。

原来河水这么浅，是小马自己暴露的。

得意忘形很容易暴露自己最大的缺点和弱点，导致自己处于失败的境地，有时，甚至是致命的。所以，得意不要忘形。

石油大王洛克菲勒说过："当我的石油事业蒸蒸日上时，每晚睡觉前，我总是拍拍自己的额头说：.别让自满的意念，搅乱了你的脑袋。我觉得我的一生进行这种自我教育，益处很多，因为经过这样的自省后，我那沾沾自喜、自鸣得意的情绪，便可平静下来了。"

有些人因为顺境连连而甚感欣慰，愉悦之情不时流露在脸上。然而，不能光只是高兴，应该想想怎么才能维持好运，永保成功。在运气好时，切莫得意忘形，以致乐极生悲，必须更加积极奋发，以使成绩永久不坠！

要有激情，但切莫狂热

所谓"激情"，就是要有一种面对机遇，敢于争先；面对艰险，敢于探索；面对落后，敢于奋起；面对竞争，敢于创新的勇气。激情不是一个空洞的名词，它是一种力量。开创事业，成就人生，都离不开激情。有激情的人自信、乐观，意志坚定，百折不挠，这些都是成功的必备素质。

我们正生活在一个应该大有作为的时代，这是我们的荣幸与骄傲。当然，在我们前进的道路上，不乏困难和挑战。在面临难题时，满怀激情的勇者，想的是如何设法化解它；而畏难者，则想的是如何一停二看三回避。一样的难题、一样的挑战，却有不同的态度，这不仅表现出不同的思想境界，而且必然会带来不同的发展局面。我国自古就有"郡县治，天下安"的格言，只要始终保持一颗不断进取之心、一股激情勃勃之气，便总有追赶、超越的机会。反之，则会错失发展的良机。当然这种激情，并不等于头脑发热、盲目决策，更不等于随心所欲、为所欲为。而是心要热，头要冷，步子要稳。如此，才能又好又快地发展，获得最后的成功。

然而，过度的激情，会产生狂热的情绪，使得人们思想过于偏执，言行举止脱离正常范围，不能清醒地看待问题，不能理智地处理事情，不能稳健地拓展事业。最具狂热激情的代表人物，应该是大独裁者希特勒。谁敢说希特勒没有激情？可就是因为他的激情严重过度，才成为了一个狂热的法西斯独裁主义者。他觉得日耳曼民族是最伟大的民族，其他所有的人种都应臣服于他们的统治。他梦想统治世界，统治全人类。狂热的激情使他偏执，令他丧失了理智，为了那个根本不可能实现的幻想，而歇斯底里地发动了侵略战争。他的狂热激情，带给他的是帝国的灭亡、自杀的枪声和无尽的骂名。

中国也不乏过分狂热的企业，例如过去的"巨人""秦池"等企业。虽然它们的失败是由多种因素造成的，但主要的诱因还是企业领导人过度的狂热。激情，使他们的企业在先期迅速壮大，但随着企业实力的壮大，领导人渐渐地迷信自己无所不能、自己的策略高明无比，初始的热情已经演变成了可怕的狂热和自负。就是因为这股狂热，使领导人不能清醒地看待企业面临的问题，不能稳健地拓展自己的事业，错误地四处出击，迷信广告，盲目投资等，导致本来有着美好前景的企业王国最终轰然倒塌。

另外，狂热又使得多少人把有限的资金投入传销陷阱当中？老百姓被传销组织忽悠得激情迸发，以为明天自己就可以变成亿万富翁，这也是狂热在人群中的一种极端体现。传销组织利用种种手段进行欺骗性的宣传，其主要目的就是把群众的激情变为狂热，让人们不再冷静，不再清醒地看待问题，不再理智地处理事情，甚至搞得一部分人的言行举止都发生了异常，好端端的一个人，在搞了传销以后，就会以夸张的讲述方式向自己的亲人、朋友、同学推销"一夜暴富"的神话，以种种欺骗方式引诱自己的亲友跳下传销的"无底洞"。

现在有相当一部分的公司企业，在培训业务人员时，也希望培育出来的员工能像传销人那样富有"激情"，甚至有一部分企业还在模仿传销的励志模式激励员工，把员工变成了狂热分子，把公司变成了"狂热集中营"。激励员工满怀激情地努力工作并没有错，不过，公司领导在激励员工的同时，也应该给员工一副"慧眼"，让他们能从实际出发，明确自己企业和产品的优缺点，在工作中扬长避短。如果职员因公司的极端激励而变得兴奋过度，将激情演变成狂热，缺乏理智和冷静，只相信自己的产品是最好的，深信走到那里人们都会欢迎自己，每一个人都会成为自己产品的用户。为了使销量更好，他们不辞辛劳地往返于经销商和消费者之间，推销着自以为理直气壮的产品，但收效不大。这一切皆是因为狂热，久而久之就形成了极为恶劣的人格特征。

而激情则是吹动船帆的风，没有风，船就不能行驶；激情是工作的动力，没有动力工作就难有起色。生活告诉我们，灵感可以催生不朽的艺术，激情能够创造不凡的业绩；而缺乏激情，疲沓涣散，很可能一事无成。因此，我们对待工作必须始终保持着高昂的激情，用崇高的精神支撑自己的事业。

对待工作的激情不是心血来潮、兴之所至，而是一种觉悟、追求和境界的体现。在实际工作中，有许多人都是胸怀大志、奋发向上的，他们开拓进取、顽强拼搏，始终保持着高昂的工作热情和干劲，因而工作成效明显，事业也日新月异。但同时也要看到，还有一些胸无大志、精神委靡、不思进取者，他们有的消极悲观、随波逐流，忘记了肩头的责任，办事拖拉，效率低下；有的则是没有韧劲、拼劲，在困难和矛盾面前，缺乏永不言败的坚忍精神，年复一年，事业依旧不见起色。这与我们所处的时代极不相符，与我们生活的要求也极不相称。

高昂的激情来自崇高的理想。没有理想，人就会失魂落魄。一块手表可能有最精致的指针，可能镶嵌了最昂贵的宝石，然而如果缺少发条，它就毫无用处。同样，一个人无论怎样学富五车，多么健壮高大，如果胸无大志，生命就会黯然失色。应该时刻都怀有一种热血澎湃、如坐针毡、疾蹄奋进的感觉。只有这样，才能与群众心贴心，与时代脉搏合拍，工作的激情才能迸发出来。

一个具有高度责任感的人，会把工作看成一种追求和奉献，而把名利看得轻如鸿毛，满怀激情地投入工作。田家英曾写过一首诗："十年京兆一书生，爱书爱字不爱名。一饭膏粱颇不薄，惭愧万家百姓心。"这就是一种责任感的写照。责任感才能激发出来巨大的激情与动力。

"天行健，君子以自强不息。"自强不息是激情不断迸发的动力，是推动事业发展的加速器。我们所处的时代是一个强手如林、竞争激烈的时代；是一个日新月异、你追我赶的时代；是一个大潮涌动、不进则退，迫切需要激情的时代。因此，这就更需要我们随时保持清醒的头脑，与时俱进，自强不息，克服知足常乐的思想惰性，向着更快更高更强的目标前进。切不可盲目地释放自己的激情，如果一旦形成狂热，将会对以后的工作十分不利。

对于有志者来说，干工作就应当有争创一流的志气和百折不挠的勇气、奋力开拓的锐气。这种志气、勇气和锐气，是内心激情的外化，凝聚着人们的理想、责任和追求。只有始终保持着奋发向上的精神状态，把高昂的激情投入工作中，才能用勤劳的双手创造幸福的生活和美好的未来。

在希腊语里，激情的意思是"心中的神"。由此可见，我们每个人都是富有激情的，激情是我们自身潜在的无穷无尽的财富。激情是不断鞭策和激励我们向前奋进的动力。对工作充满激情，可以使我们不畏惧现实中出现的重重困难和阻碍。也可以说，激情是我们工作的灵魂，甚至就是工作本身。

敬业的精神需要激情来辅佐，富有激情的人才是敬业的典范。这种精神不仅是一种情感，更是一种道德的追求和人生的信念。激情像一道光，照亮我们前行的路；激情像一阵风，吹落我们工作的尘。成功的人总是靠着自身的激情，尽力把事情做到最好，做得更好，并迸发出令人惊叹的意志、才能和潜力。

　　激情是可以传递和相互感染的，经常与富有激情人士为伍，感受他们充沛热忱的魅力，感受他们对人生和工作的理解和追求，自己也会变得富有激情。我们共同的理念是：激情提高效率，激情催生创意，激情成就事业。正因为如此，我们只要激情，而不要狂热。

第五章

今天我要加倍重视自己的价值

我须深深地扎在泥土中，等待成熟。我要制定目标，不断超过自己。我要再接再厉，当《羊皮卷》上的话在我身上实现时，世人会惊叹我的伟大。

《羊皮卷》成功誓言

我曾经如此盲目。

机遇之神曾经闯进我的生活。她装扮成辛苦的工作，我没能认出她来，白白地错过了。

我漫无目的地在生命的旅途中游荡，眼中饱含自怜的泪水，没有注意到那准备将我载向美好生活的金镂战车已经等候多时了。

我的看法不会再被我的态度损害了，因为我的态度已经改变。

现在我知道，机遇之神出现时，从不佩戴财富、成功或者荣誉的标志。做每一件事，都要竭尽全力，否则最后的机会就会无声无息地从我身边溜走。看似平常春天的黎明，某一时刻的花开，也许就在面对着一生的机缘。面对任何难题，无论它看上去多么困难，多么卑贱，我都唯有靠勇气和毅力，才能在机会来临时，抓住它们，无论它们是大张旗鼓地出现，还是藏在尘埃下面。

过去的我，对每天的工作都抱怨不已，每见到一个人就向他喋喋不休地诉苦，从来没让自己去围攻一个机会。现在，在这些《羊皮卷》的启发下，我重新构建我的生活，今后，我将抬起头来，眼望前方，像饿狮觅食一样迫切地寻找机会。

我不再于空等中期待机会之神的拥抱。

我不留恋于过去。任何一次失败都不可能减缓我奔向那成功与幸福的乐土，我将在那里安度余生。我终于明白，想要引吭的歌喉总能找到合适的曲调。

我并不只是在缅怀往事。我那些令人伤心的失败，是我自己铸成的。古人云："享受你所拥有的这一点吧，蠢人才不满足于手中的东西。"这是我以前信奉的格言，也是引为行动准则的话语。可是难道所有的古训都正确吗？不！我开始一种新的生活，我一反从前的生活方式，同时也将这则谚语改成："让蠢人享受他所拥有的这一点吧，我要争取更多的东西！"

我不再于空等中期待机会之神的拥抱。

这些日子以来，我已经有所长进，比以前更能识破机遇之神的伪装。通过每天实践《羊皮卷》上的内容，我已经根除了一些曾使我裹足不前的恶习，而这种重构刚刚拉开序幕。让我在这里起步，尽管我还带着相当多的坏习惯，让我一点点地对付它们，在上帝的帮助下纠正我的缺点。如果我有勇气超越自己，有足够的信心迎接成功，那么我至少会比现在好得多。

过去，我曾愚蠢地让失败和悔恨的重负压弯了我的身体，眼睛盯着地面。现在我卸去了以前的包袱，视野开阔，目所能及之处，大门敞开，迎接我去过一种更好的生活。

我不再于空等中期待机会之神的拥抱。

每天当我写下当天的目标时，我要记得在最上方写下留心机遇的话语。每天清晨醒来，我将以微笑迎接新的一天，不管遇到什么令人不快的事情。如同爱神、机遇之神同样不为阴郁绝望所吸引。现在我知道，生活中最成功的人总是充满快乐和希望的。他们面带笑容处理工作，富有幽默感，愉快欢乐，善于把握机会，对生活中的变化非常敏感，无论棘手的事还是顺利的事，他们都能以同样的态度对待。这些人算得上有智慧的人，他们创造的机会比自己想象的还多。

这么多年来，我怎么没能窥破这个现在看来简单明了的道理呢？为什么我们许多人任凭生命中的黄金时刻从身边流走，却只看到淤沙？为什么我们总要等到天使走了才恍然想起他们曾经来过？机会常常微乎其微，以至于我们对它们不屑一顾，但是它们常常是伟大事业的源头。机遇无所不在，所以我必须常常悬钩以待，否则在我最不经意的时候，大鱼便游走了。

我不再于空等中期待机会之神的拥抱。

我已经不是几个星期以前的我了。

我不再怨天尤人。虽然我仍然对命运的安排心存不满，但是我已经学会站立雨中，仰望苍穹，寻找蓝色与星光。世界上有两种不满的人：一种人埋头工作，一种人甩手而去。第一种人得到他想要得到的东西，第二种人失去他所拥有的东西。治疗第一种人的唯一药方便是成功，而第二种人却是无药可救的。我知道自己是哪一种人，我喜欢做这样的人，感谢上帝。

我终于明白，机遇之神从不敲门，只有当我敲门时，她才会答应。我将时常高声叫门。

我不再于空等中期待机会之神的拥抱。

《羊皮卷》成功智慧

善于发掘自身的宝藏

有位心理学家，一次看到两位年轻的女性在一起。一个长得非常漂亮，身材匀称苗条；另一个相貌平平，身材条件也属一般。然而不知怎的，心理学家总觉得那个相貌平平的女性要比那个美丽漂亮的女性有魅力得多。因为相貌平平的那位女性举止大方自然，情绪开朗乐观，言语得体并富于感染力；而漂亮的那位却拘谨畏缩，情绪阴郁烦躁，言语平淡无味。

这个现象引起心理学家的好奇，他找机会分别和这两位姑娘交谈了一番。结果发现，那个美丽的姑娘，小时候在家不被父母尊重，上学老受老师的否定，等到工作后又常遭领导批评，因此她一直处于一种自卑的人生状态之中。而那个有魅力的女性，成长于一个民主、乐观、幸福的家庭，父母不断地给予她肯定与鼓励，教育她对付困难和解决问题的方法，从而使她建立起人生的一种非常可贵的品质——对自己充满信心。

魅力表现上的差异，本质上是自信的差异。

人是自己命运的舵手，自信就是指引人生小舟航向的罗盘。

人生前途的成败得失、幸福与否，一言以蔽之，关键便是自信的有无而已。这一点美国旅馆大王、世界级的巨富威尔逊的经验可以给我们很大的启示。威尔逊在创业之初，全部家当只有一台分期付款赊来的爆米花机，价值 50 美元。第二次世界大战结束后，威尔逊做生意赚了点钱，便决定从事地皮生意。如果说这是威尔逊的成功目标，那么，这一目标的确定，就是基于他对自己的市场需求预测充满了信心。

当时，在美国从事地皮生意的人并不多，因为战后人们一般都比较穷，买地皮修房子、建商店、盖厂房的人很少，地皮的价格也很低。当亲朋好友听说威尔逊要做地皮生意时，异口同声地反对。

然而威尔逊却坚持己见，认为反对他的人目光短浅。他认为，虽然连年战争使美国经济很不景气，但美国是战胜国，它的经济会很快进入大发展时期。到那时买地皮的人一定会增多，地皮的价格会暴涨。

于是，威尔逊用手头的全部资金再加上一部分贷款在市郊买下很大的一片荒地。这片土地由于地势低洼，不适宜耕种，所以很少有人问津。可是威尔逊实地考察以后，还是决定买下这片无人问津的荒地。他的预测是，美国经济会很快繁荣，城市人口会日益增多，市区将不断扩大，必然向郊区延伸。在不远的将来，这片土地一定会变成黄金地段。

后来的事实正如威尔逊所料。不出 3 年，城市人口剧增，市区迅速扩展，大马路一直修到威尔逊买的土地的边上。这时，人们才发现，这片土地周围风景宜人，是夏日避暑的好地方。于是，这片土地价格倍增，许多商人竞相出高价购买，但威尔逊不为眼前的利益所惑，他还有更长远的打算。后来，威尔逊在这片土地上盖起了一座汽车旅馆，命名为"假日旅馆"。由于它的地理位置好，舒适方便，开业后，顾客盈门，生意非常兴隆。从此以后，威尔逊的生意越做越大，他的假日旅馆逐步遍及世界各地。

威尔逊的经历告诉我们：自信与人生的成败息息相关。然而在日常生活中，自卑感往往伴随着许多人的左右，如何摆脱自卑，获取自信，是个关键。

自信的树立乃是基于两个基本因素：一是对自己在充分认识基础上产生的肯定；二是以积极的心态对待身边的事物。

从前，在非洲有一个农场主，一心想要发财致富。一天傍晚，一位珠宝商前来借宿。农场主对珠宝商提出了一个藏在心里几十年的问题："世界上什么东西最值钱？"

珠宝商回答道："钻石最值钱！"

农场主又问："那么在什么地方能够找到钻石呢？"珠宝商说："这就难说了。有可能在很远的地方，也有可能就在你我的身边。我听说在非洲中部的丛林里蕴藏着钻石矿。"

第二天，珠宝商离开了农场，四处去收购他的珠宝去了。农场主却激动得一宿未合眼，并马上做出一个决定——将农场以低廉的价格卖给一位年轻农民，然后匆匆上路，去寻找远方的宝藏。

第二年，那位珠宝商又路过农场，晚餐后，年轻的农场主和珠宝商在客厅里闲聊，突然，珠宝商望着书桌上的一块石头两眼发亮，并郑重其事地问年轻的农场主这块石头是在哪里发现的。农场主说是在农场的小溪边发现的，有什么不对吗？珠宝商非常惊奇地说这不是一块普通的石头，这是一块天然钻石。随后，他们在同样的地方又发现了一些天然钻石。后来经勘测发现：整个农场的地下蕴藏着一个巨大的钻石矿。而那位去远方寻找宝藏的老农场主却一去不返，听说他成了一名乞丐，最后跳进尼罗河里了。

老农场主失败的根源在于这样一个事实：他对自身的资源缺乏充分的了解，因而也就失去了树立自信的前提。这个故事同时也启示我们：最可贵的宝藏往往不在远方，而在于我们自身。这就是我们树立自信的客观基石。

相信自己是独一无二的

树叶是独一无二的，没有任何两片树叶完全相同。指纹、声音和DNA也是如此。因此可以肯定，每一个人都是独一无二的。尽管在世上没有与我们相同的人，但我们有时还是习惯于和别人相提并论。

心理学家指出，我们对自己的认知、对自己的定位，以及将要实现的目标，决定着我们在这个世界上的独特位置。

科学家认为，人有50%的个性与能力来自基因的遗传，这意味着另外的50%不取决于遗传，而取决于自我的创造与发展。如果能够做到这一点，就可以改变对它们的看法，这是一种优良的品质。

也就是说，如果你认定了自己的独特之处，你就会拥有独一无二的形象。如果你有清晰的自我认识，那么就不会给自己脸上贴很多消极、悲观的标签。不要被你所做的工作、所住的房子、所开的汽车或所穿的衣服限定住。因为这不是定位一个人的最终目标，也不是这些东西的总和构成了你。成功者相信自己，相信取得成功的潜在动力来源于对成功独一无二的完美诠释，更主要的是对定位的深刻理解。

心灵成熟的过程，是坚持不断自我发现、自我探寻的过程。除非我们先了解自己，否则就很难去了解别人。

这是流传于西方的一则故事：由于第二次世界大战爆发，某人无法取得他的工厂所需要的原料，因此只好宣告破产。他大为沮丧，于是，离开妻子儿女，成为一名流浪汉。他对于这些损失无法忘怀，而且越来越难过，甚至想要跳湖自杀。一个偶然的机会，他看到了一本名为《自信心》的书。这本书给他带来勇气和希望，他决定找到这本书的作者，请作者帮助他重新站起来。

当他找到作者，说完他的故事后，那位作者却对他说："我已经以极大的兴趣听完了你的故事，我希望我能对你有所帮助，但事实上，我却绝无能力帮助你。"

流浪汉的脸立刻变得苍白。他低下头，喃喃地说道："这下子完蛋了。"

作者停了几秒钟后说："虽然我没有办法帮助你。但我可以介绍你去见一个人，他可以帮助你东山再起。"刚说完这几句话，流浪汉立刻跳了起来，抓住作者的手，说道："看在老天爷的分上，请带我去见这个人。"

于是作者把他带到一面高大的镜子面前，用手指着镜子说："我介绍的就是这个人。在这个世界上，只有这个人能够使你东山再起。除非你坐下来，彻底认识这个人，否则，只能跳到密歇根湖里。因为在你对这个人做充分的认识之前，对于你自己或这个世界来说，你都将是个没有任何价值的废物。"

流浪汉朝着镜子向前走了几步，用手摸摸他长满胡须的脸孔，对着镜子里的人从头到脚打量了几分钟，然后退后低下头，开始哭泣起来。几天后，作者在街上碰见了这个人，几乎认不出来了。他的步伐轻快有力，头抬得高高的。他从头到脚打扮一新，看来是很成功的样子。"那一天我离开你的办公室时，还只是一个流浪汉。我对着镜子找到了我的自信。现在我找到了一份年薪3000美元的工作。我的老板先预支一部分钱给我的家人。我现在又走上成功之路了。"他还风趣地对作者说："我正要前去告诉你，将来有一天，我还要再去拜访你一次。我将带一张支票，签好字，收款人是你，金额是空白的，由你填上数字。因为你介绍我认识了自己，幸好你要我站在那面大镜子前，把真正的我指给我看。"

根据苏格拉底的说法，"了解你自己"是智慧的开端。那么，"你是独一无二"的说法，便是现代人对古老智慧的全新诠释了。所以，如果你想使自己变得更加自信、成熟，请相信："你是独一无二的。"

"我是独一无二的造化""我是独一无二的奇迹"……这些话是什么意思呢？——即正确评价自己，并对自己充满信心。

不知你注意到没有，尽管我们知道历史上从来没有一个人跟我们完全一样地存在过，但我们还是习惯于拿自己和别人相比。我们习惯于把他人作为标准来衡量自己所取得的成功，当报纸上谈到某人取得的伟大成就时，我们也常常习惯于从成功者的年龄已超过了我们这一点上找到些许安慰——对自己说，到了他们那个年纪，我也有可能取得同样的成功。

在这里，我们要说的是，拿自己与别人相比是毫无意义的，因为你根本就不知道别人在生活中的目标与动力，你也不具备别人那种独一无二的能力。你应该这样想才对：别人有别人的才干，而自己有自己的才干。你也许会常常误以为，才干就是音乐、艺术和智力等特定方面的天赋，实际上并非如此。每一个人都有一些奇妙的，而自己却一直忽视的才干，诸如激情、耐力、幽默、善解人意、交际才能等，它们是有助于我们取得成功的强有力的工具。

因此，要正确界定自己，不要老拿自己与别人相比，因为这只会使你对自我形象、自信以及自我取得成功的能力产生负面影响，你应该向一个人请教，自己的能力是否得到了充分的发现与挖掘——这个人不是别人，正是你自己。

如果认定了自己的独特之处，你同样也能造就自己独一无二的形象，也就是说，你可以创造出一个自我的特殊品牌。如果你想成功的话，那么现在就用一个肯定性的问话来描绘自己身上令你自豪的地方，这是标明你自我形象的第一步——不仅是现在的你，而且是想有所成就的你。

想要正确地界定自己，就要弄清这样一个问题："我是谁？"对这个问题清晰的理解与认识就是界定出独一无二的你。

用心做最擅长的事情

法国著名作家蒙田说："这世界上最主要的事情，就是自己彻底了解自己。"做事高效的人总是能够找到自己的长处，把精力放在自己最擅长的事情上。

马克思几乎花了毕生的心血研究资本主义社会的发展规律，发现和揭露了资本赖以生存的奥秘，从而在政治经济学中实现了一场革命。但是，马克思早年的兴趣却很多，尤其是对文学和诗。

马克思在学生时代，便有广泛的爱好，并显露出多方面的才华。他在中学时期，特别重视语文课。由于他想象力丰富，阅读的书籍和材料又很多，加之语法知识掌握得好，所以他的作文相当生动，深受老师的赞赏。

17岁那一年，他考进了波恩大学，攻读法律。大学的生活使他置身于一个广阔的知识海洋之中，他几乎断绝了从前的一切交往，专心致志于科学和艺术。他除了阅读法学课程之外，还选修了文化史和文学艺术史、希腊和罗马神话、荷马史诗。他潜心研究文学艺术，怀着强烈的创作欲望，并希望在这方面施展自己的才华。他开始翻译古罗马诗人的作品，使自己在这方面得到更多的锻炼。他又利用空余时间写诗，既有讽刺诗，也有叙事诗，还有更多的抒情诗，抒发自己对亲人的思念。

马克思在诗的感情上是真挚的，但在艺术上并没有什么独到之处。马克思善于解剖自己。他认为文学应当接近实际，而不应当漫无边际地遐想，玩弄辞藻不能代替诗意的想象，形式主义既没有鼓舞人心的内容，也没有振奋人心的思想。他认识到写诗并不是自己的所长，自己或许永远也不能成为一个真正的诗人。

认识到这一点之后，他毅然决然地把身边的诗稿付之一炬。从此后，马克思便集中精力，在自己最擅长的哲学和政治经济学领域里刻苦耕耘，最终和恩格斯共同创立了马克思主义学说。马克思主义学说成为指引全世界劳动人民为实现社会主义和共产主义伟大理想而进行斗争的理论武器和行动指南，马克思的名字也因为他在哲学和政治经济学领域的杰出贡献而永垂史册。

每个人都有很多方面的能力，但其中有很多能力都是有限的，如果对每一个爱好都不加限制地发展，到最后可能一个突出的成绩也没有。世界上没有一个在各方面都是全能的人，只要把其中最为擅长的一项做好就足够了，马克思取得了非凡的成绩就在于他能认清自己的真正优势所在。

如果让一个千里马和一只乌龟去比赛长跑，让一只黄鹂和一只鸭子去比赛唱歌，千里马和黄鹂肯定能轻而易举地胜出。做事高效的人，其显著特点就是能够找准最擅长的事，把优势发挥得淋漓尽致，从而获得成功。

优势是需要发现和发展的。然而，人本身具有非常丰富的基因，所以要真正认识自己是很困难的。要想成就一番事业，就必须对自己先要有正确的认识。比如说，你的英语也许差一些，但写小说、诗歌是能手；你可能解不出那么多的数学难题，或记不住那么多的英文单词，但你在处理事务方面却有特殊的本领，能知人善任、排难解忧，有高超的组织能力；也许你连一张书桌也画不像，但是有一副动人的歌喉；也许你不善于体育运动，但是有过人的棋艺才能……在认识到自己长处的前提下，如果每个人都能扬长避短，做自己最擅长的事，并把这件事刻苦认真地做下去，久而久之，自然就会结出丰硕的成果。

不了解自己的长处而埋头做事，是对自己最大的资源浪费。所以，我们要尽可能地挖掘出自己最擅长的特点，发展它，丰富它，使自己成为一个丰富多彩、魅力四射的人。

成大事者不谋于众

"成大事者不谋于众"。这一古训通俗地说就是，在成就特别重大的事情时，不必与人商量。因为成就非常重大事情的人，自己必定有非同一般的眼光、心胸与气度，自己看准了，去做就是了，如果去和别人商量，反倒麻烦。首先，如果别人见识低下，心胸狭小，气度平凡，必定不理解你的想法。七嘴八舌，会动摇你的意志，还会破坏你的信心和情绪。其次，人多心杂，还会出现走漏风声、葬送机会的可能。

奥列弗·戈尔德史密斯曾写过一则《为青年人而作》的寓言：

从前，有一位画家想画出一幅人人都喜欢的画。画毕，他拿到市场上去展出。画旁放了一支笔，并附上说明：每一位观赏者，如果认为此画有欠佳之笔，均可在画中标上记号。

晚上，画家取回了画，发现整个画面都涂满了记号——没有一笔一画不被指责的。画家十分不快，对这次尝试深感失望。

画家决定换一种方法去试试。他又摹了一张同样的画拿到市场展出。可这一次，他要求每位观赏者将其最为欣赏的妙笔都标上记号。当画家再取回画时，他发现画面又被涂遍了记号——那些曾被指责的笔画，如今却都换上了赞美的标记。

"哦！"画家不无感慨地说道，"我现在发现了一个奥妙，那就是：我们不管干什么，只要使一部分人满意就够了。因为，在有些人看来是丑恶的东西，在另一些人眼里恰恰是美好的。"

我们的为人处世也经常会按别人的反应来决定，而不是按照自己的意愿去行动。尤其是在向争取"成功""幸福"之类美丽事物前行的路上，一切似乎已经有了约定俗成的标准。弗洛伊德说："简直不可能不得出这样的印象：人们常常运用错误的判断标准——他们为自己追求权力、成功和财富，并羡慕别人拥有这些东西。他们低估了生活的真正价值。"

很多人无视你的存在，总是要你往这边走、往那里去；他们最常挂在嘴边的是："你应当……""你不应该……"一般人碰到这类的要求，通常都很难回绝，尤其是如果提出要求的人是你最亲密的伙伴，"不"字就更难开口了。时日一久，这种互动关系定型，形成了一种默契或是彼此的承诺。

万一哪一天对方又要你做这个做那个，而你却坚持己见时，会发生什么事呢？一方面，对方一定会勃然大怒，认为你违背了双方的承诺；另一方面，如果你坚持不做这些"应该"做的事，你会觉得自己有愧于彼此的默契，因而心生愧疚。

你知道为什么会有愧疚感？这是因为双方过度的情感乞求所致。每当对方要你怎么做的时候，你之所以会顺从他的要求，说穿了，就是想通过这种顺从的表现来得到对方赞许、关爱的眼神，甚至是想要取悦对方。

当这种取悦方法成了你行事的模式以后，拒绝对方的要求一定会让他很不高兴，而你也会觉得很对不起对方，要不愧疚都很难。愧疚的感觉很像忧惧，而忧惧就好像是坐在一张摇摇椅上，你就只能这么晃荡着，看起来好像是想要将你摇向什么地方，但却只是在原地摆荡，让你啥地方也去不成。

不要忘了，我们有权力决定生活中该做些什么和不该做些什么，不应由别人代做决定，更不能让别人左右我们的意志，让自己成为傀儡。况且，他人并不见得比我们更了解情况，也不会比我们聪明到哪里去，所以，他们所提出的"理所当然"的做法很可能不是我们的最佳抉择。你的最佳抉择还是应该由你自己深入分析、思考之后，做出独立判断。

从现在起，做你自己，不要让别人的"理所当然"控制了你。

要树立远大目标

赢得成功就要树立远大的目标。然而，100个人当中，大约只有两个人清楚自己一生追求的是什么，并有达成目标的可行计划，这些人都是各行各业中的佼佼者——没有虚度此生的成功者。

这些人和其他庸庸碌碌、毫无成就的人比起来，机会都一样多，区别就在于有无目标。没有目标，一个人也就不可能采取任何步骤，只能在人生的旅途上徘徊，永远到不了任何地方。

美国总统罗斯福夫人在年轻时从班宁顿学院毕业后，想在电信业找一份工作，她的父亲就介绍她去拜访当时美国无线电公司的董事长隆尔洛夫将军。隆尔洛夫将军非常热情地接待了她，随后问道："你想在这里做什么工作呢？"

"随便。"她答道。

"我们这里没有叫'随便'的工作，"将军非常严肃地说道，"成功的道路是由目标铺成的！"

没有奋斗的方向，就活得混混沌沌；准确地把握好自己的喜好和追求，是走向成功的第一步！每个人都被赋予了一次生命，虽然长短各有不同。遗憾的是，很多人回首人生旅程时，常带着悔恨、失望，他们会忽然惊觉自己的旅程没有目的地。大多数人幻想生命是永恒不朽的。他们浪费金钱、时间以及心力，从事所谓的"消除紧张情绪"的活动，而不是从事"达成目标"的活动。他们每周辛勤工作，赚够了钱，在周末又把它们全部花掉。

这就是太多的自认勤奋人的作为。他们外表看起来很让人敬佩，因为他们兢兢业业，但等他们老了，却感到自己的一生过得并不精彩。相比之下，一些外表并没有他们勤奋的人却取得了比他们更大的成就，过上比他们更好的生活。这让那些自认勤奋的人百思不得其解。他们既感到失落，又不明所以然。他们不明白，自己付出的努力绝不比别人少（因为自己几乎没有放过任何能够工作的时间，那些人的工作时间不可能比他们长），那么别人是怎样实现那样大的目标，过上那样好的生活呢？

他们不明白其中的一个秘诀就是，所有成功的人士都有一个突出的品质，就是做事都有明确的目标。

洛克菲勒这个名字在很多人看来意味着财富。他凭借自己的精明、远见、魄力和手段，白手起家，最终建立起自己庞大的实业帝国。虽然人们对他一生的评价毁誉参半，但在他的儿女伊丽莎白和西恩看来，他却是个慈祥的父亲。

洛克菲勒曾给子女写了很多信，以指导他们的事业、生活。下面仅举出这位实业界巨头生活的一些片段。

蜡烛在银烛台上慢慢燃烧，饭厅里气氛温馨。可是伊丽莎白和西恩的情绪都不高。

洛克菲勒吃过一块牛排后，慢慢地开导她们："20 岁到 30 岁是人生最为重要的学习阶段，如果在这一期间无法掌握好将来工作所必需的知识，就会无功而返，毫无成就。到了 30 岁时，你的生活就只剩下家庭生活的小圈圈。你会为了分期付款的住宅，或为了日常的生活而奔波。你在 30 岁时须抵达的人生目标，现在还仅仅是一个美梦，或者说是一个空想。但是你必须把它看成是鼓励现在的你的动力。只有以此为出发点，你才能够超越艰苦的环境。比如说：令人伤脑筋的课题，考试中的失败，论文不公正的评价，无聊的教授和艰涩难学的必修课程等。"

"可是我很难确定我短期的人生目标是什么，尤其是当选'美国小姐'后。"伊丽莎白抱怨道。

洛克菲勒陷入了沉思中，过了好一会儿，他说："伊丽莎白，我当年也有和你一样的困惑。在我年轻时，学习条件很差，尤其是目标很不明确。有时我会陷入一种幻觉，头天晚上失眠一整夜，到天亮时睡两个小时，第二天一早，我与太阳一道醒来，却感到年轻力壮，精力充沛。正如惠特曼的诗所说，我'健康、自由，世界展现在眼前……'

"有一阵子，我实在闲得无聊，就到处瞎逛。我漫无目的地乘大巴来到犹他州，在一个农场附近下了车。天黑的时候，我敲响了农场主人家的门，主人热情地招待了我。第二天，我感谢了主人的盛情款待，踏上了回纽约州的旅程。我沿路徒步走着，期待着一辆可搭乘的车出现。终于一个农民让我上了他的车，我感到一辈子从未有过的知足和得意。我与这个世界如此之和谐！

"我们疾驰着，那个农民打断了我的思索。'你想去哪儿？'他问。

"我快速用我在那前一晚才听到的惠特曼的诗来回答：'我将去我喜欢去的地方，这漫长的道路将带领我去我向往的地方……'我背着这句《通达大路之歌》里的诗。直到现在，这首诗仍然在我脑海里萦绕。

"那个农民看着我，面带惊讶甚至愠怒。你想对我说，'他谴责地说，'你甚至没有一个目的地？"

"突然，那个农民把车停在路边，命令我下去。'游手好闲之徒，'他说，'你应当找一份正当的职业。落下脚，挣钱过日子。'"

"说着他把车开走了，留下我独自一人站在土路上。这条路的两端都长得看不到头。我试着想寻回两分钟前还感到的得意洋洋之感，却只有席卷着我全身的失落感。

"生活充满了两极对比。前一晚，我刚听到诗人惠特曼鼓励我们继续在这通达的大路上走下去，仅第二天，我却遭到陌生的红脸农民的训斥。尽管如此，我还是做好准备接受生活中的所有沉浮升降。"

"可是，爸爸，我有目标，那就是进入一所好大学。"西恩说道。

洛克菲勒马上说："那么，我想问你进入好大学到底是为了什么？还有最近你沉迷于声色犬马中，你确定的目标又有什么意义呢？

"一旦确定了目标，就应尽一切可能，努力培养达成目标的充分自信。

"成功人士总是事前决断，而不是事后补救的。他们提前谋划，而不是等别人的指示。他们不允许其他人操纵他们的工作进程。不事前谋划的人是不会有进展的。就像《圣经》中的诺亚，他并没有等到下雨了才制造他的方舟。"

的确，目标能使我们事前谋划，迫使我们把要完成的任务分解成可行的步骤。要想制作一幅通向成功的路线图，你就要先有目标。正如18世纪发明家兼政治家富兰克林在自传中说的："我总认为一个能力很一般的人，如果有个好计划，是会有所作为的。"

一些完美的计划实际上是相当简单的。每一个大公司都是从小公司发展起来的，在公司的背后一般都有一个有理想、有热情的人。是这个人心中怀有的坚定的目标把公司带向了成功的彼岸。

优秀的企业或组织一般都有10年至15年的长期目标。领导者时常会反问自己："我们希望公司在10年后是什么样子？"然后根据这个设想来规划企业应该做什么。工作并不只是为了适应今天的需求，可能要满足5年、10年以后的需求。各研究部门也在针对10年或 10 年以后的产品进行研究。我们也应该计划 10 年以后的事。

杜绝守旧，敢于创新

要进步，就不能拒绝新理念对自己大脑的更新；要进步，就不能畏于探索而固守旧有的模式。敞开胸怀，勇于汲取他人的成功经验以丰富自己的智慧；放低身段，在自己的实践中去收获新思想、新认识。

一种思想历久不衰并不是好事，因为思想本身最终总是要变得陈腐的。人是社会的，总是不断把社会推向进步和光明。事业、工作是获得幸福的源泉，但是，世界上的一切事物都在不断发展，因此，事业要获得新的成就，人们要得到新的幸福，必须依靠人的创新精神。

大多数人总是自觉不自觉地依照以往熟悉的方向和路径进行思考，而不会另辟新路，总是觉得创造神秘，似乎只有极少数人才能办到。其实，创造有大有小，内容和形式可以各不相同，创造不仅是科学家、发明家的事，它已经深入到普通人的生活中，很多人都可以进行创造性的活动。人们在事业上新的追求、新的理想、新的目标会不断产生，在为新事业的创造奋斗中，实现了这些新的追求、理想、目标，就会产生新的幸福。

亨利·福特出身寒微，所学无几，又毫无靠山，但是在短短 10 年间，他就克服了这些缺陷，在 25 年之内，成为全美乃至世界的顶级富豪，这些都是人人皆知的。根据福特的发展史来看，自从他与爱迪生结为至交后，个人发展开始突飞猛进，而他最卓越的时代，始自于结识弗东尼等一些智能超群之人，福特将他们的聪明才智、知识经验和精神力量集合起来，经过自己的脑力整合，而不是一味地模仿，后来终于成为了世界闻名的汽车大王。

所以没有思考就没有创造，没有怀疑就没有新知。任何成功，首先来源于独特的创新意识。一个创意可以赢得一场战争，一个创意可以救活一个企业，一个创意可以改变一个人的一生，一个创意可以创造一个奇迹！

许多当名青史上的人都是以创新取胜的。

文学上，李煜把词用来表达个人的情感，苏轼开一代豪放词风，都使词的内容更加丰富，表现范围更加扩大，艺术水平更为提高，从而使词发展成为与诗地位比肩的文学形式，成为中国文学最重要的一部分。

科学上，每一次的技术革新、产业革命都涌现了许多创新者和创新产品：瓦特发明的蒸汽机，将人类历史推动了一大步；爱迪生经过无数次的实验找到了合适的钨丝，发明了电灯，为我们带来光明；贝尔发明了电话，为现代通信时代的到来奠定了基础。

艺术方面，柳公权的书法从模仿到创新，终于走出自己的路，徐悲鸿将中国画法与西方绘画技巧结合起来，创造了自己的画风……

但凡有成就的人从不拘泥于前人的想法，而是不断实践，不断思考，不断突破，终于因为创新，将名字镌刻在历史的丰碑上。

创新的人往往在生活中善于观察，勤于思考。根据生活中的细小环节，细心揣摩，最终推出创新的想法。

美国一家制糖公司，每次向南美洲运方糖时都因方糖受潮而遭受巨大损失。结果有人考虑，既然方糖用蜡密封还会受潮，不如用小针戳一个小孔使之通风，经实验，果然取得意想不到的效果，这个创意人申请了专利。据媒体报道，该专利的转让费高达100万美元。

日本一位 K 先生，听说戳小孔也算发明，于是也用针东戳西戳埋头研究，希望也能戳出个发明来。结果，他发现在打火机的火芯盖上钻个小孔，可以使打火机灌一次气由原来的使用 10 天变成 50 天。发明终于被他"戳"出来了。

还有，18 世纪一位奥地利医生在给一个患者看病时，尚未确诊，患者就突然死去。经过解剖发现，其胸腔化脓并积满了脓水。能否在解剖前诊断出胸腔是否积有脓水？积了多少？一天，在一个酒店里，这位医生看到伙计们正在搬酒桶，只见他们敲敲这只桶，敲敲那只桶，边敲边用耳朵听。他忽然领悟到，伙计们是根据叩击酒桶发出的声音来判断桶内还有多少酒的，那么人体胸腔的脓水的多少是否也可利用叩击的方法来判断呢？他大胆地做了试验，结果获得了成功。这样，一种新的诊断法——"叩诊法"从此诞生了。

创新不是胡思乱想，它需要人们在生活中勤于思考，善于观察，认真实践，方能成功。只有懂得留心生活，热爱思考的人，才能有创新的思维，才能有创新的能力，最终才能拥有成功的创新事业。

做事要创新，决不要墨守成规。当我们遇到特殊情况的时候，应该懂得灵活应变，切忌为陈旧的思维所束缚。否则，不但不会解决问题，还有可能铸成大错。

一位哲人告诉我们："做人做事不要轻易就被一个成规束缚住"。墨守成规是前进的绊脚石，真正成功的人，本质上流着叛逆和创新的血。

千万不要犯墨守成规的错误。否则，只能自食其果。在做事、做决策时，一定要注意，不能生硬照搬前人的经验。前人的经验并不是不能应用，重要的是能否因时制宜，推陈出新。

战国时候，齐将田单以火牛阵大败燕军，成了一个经典的战例。

在唐朝时候，房琯想重演火牛阵，却落得笑柄。

安史之乱后，唐太子李亨逃出长安，在灵武即位，称肃宗。李亨在灵武经过一番努力后，聚集了一些人马，准备反攻，收复长安。这时房琯便趁机献策，毛遂自荐地要求统率大军收复京城。李亨真以为他是个文武全才，就委任他为两京招讨使。房琯随即号令大军分兵三路，围攻长安。

房琯与亲信幕僚商议后，决定效法古制，以车战对敌。遂将征用来的2000辆牛车排列在中间，两翼用骑兵掩护，浩浩荡荡，向长安进发。一路上烟尘滚滚，旌旗蔽日，杀气腾腾，好不威风。可是，这支老牛拉破车的队伍在对敌作战时，能否发挥预期的功效呢？除房琯及其幕僚深信不疑外，其余将领则无不摇头。

房琯亲自率领中军，很快与叛将安守忠的骑兵相遇。房琯本想先稳住阵脚，调整一下队形再出阵迎战，谁知道这老牛破车慢慢吞吞，很难调动。这边房琯为调整队形吵吵嚷嚷，越整越乱，急得满头大汗，毫无办法；那边安守忠一看对手竟如此用兵，真是喜出望外，忙令部队迅速转到上风的位置，收集柴草，一面乘风纵火，一面擂鼓呐喊。老黄牛哪里见过这种阵势，一见烈焰腾空，又听战鼓如雷，吓得4处乱跑。安守忠乘势追杀，唐军大败。房琯慌忙令南路军投入战斗。那些老牛同样经不住人喊马嘶和震耳欲聋的战鼓声，不战自乱，败下阵来。唐军尸横遍野，死伤4万余人。杨希文、刘贵哲投降了叛军，房琯领着几千残败人马向灵武逃去。他苦思冥想悟出的火牛阵法，就这样失败了。

成功的企业家和领导者绝对不会有这种墨守成规的想法。他们知道创新意识和快速应变能力是事业成功的关键。尤其在当今政治、经济飞速发展的时代，创新尤为重要。

春秋战国时期，如果不是秦孝公敢于打破祖宗立下的规矩支持商鞅变法，又怎么会使秦国成为七国之首！正是因为秦孝公拥有那种勇于创新的精神，他才创建了一番事业！

所以，人们只有具备勇于创新的精神，才能走向成功的高峰。

在现实生活中，我们做事或作决策，也决不可墨守成规。不要以为以前失败过现在还一定会失败，也不要以为以前成功过现在还一定会成功。要知道，墨守成规的人过于拘泥于老规矩旧办法，往往被这些东西约束着，终究是旧规矩的奴隶。只有创新才是推动事业发展的动力，只有拥有创新精神的人才是真正的成功者！

我们要创新，要推出新见、独出心裁，不要墨守成规、画地为牢。只有这样，才能在激烈的竞争中始终处于领先地位。反之，思想僵化、墨守成规，就必然落后于时代前进的脚步，甚至会被飞速发展的时代所抛弃。只有善于捕捉时机，敢于打破常规，我们的工作和生活才能出新、出彩。

能竭尽全力，就不尽力而为

当你对一件事说要尽力而为时，这件事成功的概率就会大大下降，当你对一件事说全力以赴时，那么它几乎就已经接近成功。不要总是说"我尽力而为"，那是精神上的畏惧，那是没有自信的体现。做事要全力以赴，不要尽力而为。

竭尽全力是指用尽全部力量，尽力而为是指尽自己的最大力量。竭尽全力强调"竭"，尽力而为强调"力"，前者已经竭尽力量，而后者并非全力以赴。

在美国西雅图的一所著名教堂里，有一位德高望重的牧师戴尔·泰勒。有一天，他向教会学校一个班的学生们讲了下面的故事：

有一年冬天，猎人带着猎狗去打猎。猎人一枪击中了一只兔子的后腿，受伤的兔子拼命逃生，猎狗在其后穷追不舍。可是追了一阵子，兔子跑得越来越远了。猎狗知道实在追不上了，只好悻悻地回到猎人身边。猎人气急败坏地说："你真没用，连一只受伤的兔子都追不到！"

猎狗听了很不服气地辩解道："我已经尽力而为了呀！"

兔子带着枪伤成功地逃回家后，兄弟们都围过来惊讶地问它："那只猎狗很凶呀，你又受了伤，是怎么甩掉它的呢？"

兔子说："它是尽力而为，我是竭尽全力呀！它没追上我，最多挨一顿骂，而我若不竭尽全力地跑，可就没命了！"

泰勒牧师讲完故事之后，又向全班郑重其事地承诺：谁要是能背出《圣经·马太福音》中第五章到第七章的全部内容，就邀请谁去西雅图的"太空针"高塔餐厅参加免费聚餐会。

《圣经·马太福音》中第五章到第七章的全部内容有几万字，而且不押韵，要背诵全文无疑有相当大的难度。尽管参加免费聚餐会是许多学生梦寐以求的事，但是几乎所有的人都浅尝辄止，望而却步了。

几天后，班上有一个11岁的男孩，胸有成竹地站在泰勒面前，从头到尾按要求背了下来，竟然一字不落，没有一点差错，到了最后，简直成了声情并茂的朗诵。

泰勒牧师比别人更清楚，就是在成年的信徒中，能背诵这些篇幅的人也是罕见的，何况是一个孩子。泰勒牧师在赞叹男孩那惊人记忆力的同时，不禁好奇地问："你为什么能背下这么长的文字呢？"男孩不假思索地回答道："我竭尽全力。"16年后，那个男孩成了世界著名软件公司的老板。他就是比尔·盖茨。

这个例子告诉我们，要想成为一个成功的人，尽力而为是不够的，必须做到竭尽全力。因为一个人只有竭尽全力，才能开发出自身更多的潜能，才能更接近想要的成功。

一位年轻人远行前，向村里的一位老人请教该注意什么。老人说："全力以赴吧。20 年后，你再来找我。"

年轻人经历了许多挫折，但也成就了一番令人瞩目的事业。渐渐地，他似乎感到有些力不从心，算了算 20 年已满，便回到村里。

"老伯，我已经全力以赴了，以后，我该怎样做呢？"已经步入中年的年轻人问。

"以后，你要尽力而为，10 年后，你再回来找我。"

10 年里，中年人的生活波澜不惊，但他还是回去了。

老人已到了弥留之际，而中年人的双鬓也已泛白。

"其实，这次我没有什么经验可以告诉你了。我只是想说说我的一生。在我还是个年轻人的时候，有人就告诉我要"尽力而为"，于是，我的前半生庸庸碌碌，一事无成。后来，又有人告诉我要"全力以赴"，于是，我遭受了许多挫败，我已经输不起了。我的一生算是很失败的，于是，我想知道如果有一个人经历一下我所不曾经历的，他会不会幸福？现在，我知道了，他过得很好。谢谢你！"老人说完，便微笑着闭上了眼睛。

"不，我应该谢谢你！"中年人说。

人本来是很有潜能的，但是我们往往对自己或别人找借口："管它呢，我们已经尽力而为了。"事实上尽力而为是远远不够的，尤其是现在这个竞争激烈的年代，尤其在趁你还年轻的时候。

全力以赴的油箱总是让人不怕任何艰难，因为浑身都充满了干劲；尽力而为的油箱，在遇到很大的困难时，很容易知难而退，而事实上，成功往往只需要咬紧牙关再加一次油而已。

生活与工作中，不要过多地计较个人的得失，而要以一种积极的心态和满腔的热情去对待生活与工作。做到要全力以赴，不要尽力而为。

你也许有过这样的经历：尽力而为地努力工作，取得成绩后希望得到肯定和赏识，然而，由于种种原因，你并没有如愿以偿。这时，你应该如何克服重重的失落感呢？

这时，我们不会叫你想开些，而是想建议你，首先扪心自问一下："我的工作真的已经做得很到位很完美了吗？我真的已经全力以赴了吗？也许我还可以在已经完成的工作上再努一把力。"

我们应该明白，尽力而为地去做工作的人，最多只能算是一个称职的人。如果在工作中多努力一把，你就可能成为优秀者，如果继续再加努力，你就可能从优秀者成为卓越者。如此，就需要你把自己从一个"尽力而为"的人变为"全力以赴"的人。当你拥有全力以赴的油箱时，你到哪里都是一位受欢迎的人，因为全力以赴的人会带动周围的人一起积极向上，把他们的油箱也加满了油。

任何一个组织都极其需要全力以赴的成员，任何一名全力以赴的员工都会备受现代企业的欢迎。当你是组织中的一员时，你就应该处处为组织着想，理解管理层的压力，抛开任何借口，全副身心地投入工作。全力以赴的人，是最懂得在工作中时刻都要求自己再"努力一把"的人，而他们正是通过这种付出，锻炼出了超乎想象的能力。同时也获得了超出期望的报酬。

你的油箱有多满？让我们全力以赴吧！用一种积极乐观的态度和行动去对待工作。也许全身心的投入有时候会很辛苦，当最终我们品尝到成功的喜悦时，会觉得，一切的付出都是非常值得的。

爱因斯坦说过："对一个人来说，所期望的不是别的，而仅仅是他能全力以赴地献身于一种美好事业。"

一位经理在描述自己心目中的理想员工时说："我们所急需的员工，是意志坚定，工作起来全力以赴，有进取精神的人。我发现，最能干的大体是那些资历一般，没有受过高级教育的人，他们拥有全力以赴的做事态度和永远进取的工作精神。做事全力以赴的人获得成功的几率大约占到九成，剩下一成的成功者靠的是天资过人。"

做什么事情，你都不能认为是在给别人打工，不应该有任何的理由和借口不竭尽全力，你必须全力以赴。

一个企业经营者做事一定是全力以赴的，因为他知道，如果不能创造利润，企业就会破产，所以他会全力以赴。他也想睡觉，也想休息，也想陪陪家人，但他却停留在市场上，因为他知道，如果某个机遇抓不住，所有他想要的都不会得到，他就不能成功。

无论做任何事，都要竭尽全力，因为它决定一个人日后事业上的成败。

全力以赴地投入工作需要满怀热忱。一个人没有对工作的高度热忱，就无法全身心地投入工作，就无法坚持到底，对成功也就少了一份执著；有了对工作的满腔热忱，在执行中就不会斤斤计较，不会吝啬付出和奉献，不会缺乏创造力。全力以赴的人，还会为了自己的目标奋斗不止。一个人一旦领悟了全力以赴地工作的重要性，也就掌握了打开成功之门的钥匙

全力以赴不仅意味着拼命工作，同时还意味满怀热情地克服自身的劣势因素。事实上，包括成功人士在内，每个人都有自己不足的方面，但成功者却能通过全力以赴的工作精神，较为成功地克服或化解掉自身存在的劣势。具体方法就是：客观看待并清醒认识

自己的不足之处，然后采取行动立即针对劣势加强学习及与他人合作，最关键的一点是漠视甚至完全消除劣势给自己造成的心理压力，以更从容、自信、严谨、专业的态度来加倍努力地开展工作。不受自己存在的劣势所困扰，就能够更有效地发挥优势，提升整体工作水平，更益于取得成功。

所以，我们要想获得成功，要想在竞争激烈的现代社会中立于不败之地，就必须知道尽力而为是不够的，只有竭尽全力和全力以赴，才能赢得最后的胜利。古今中外无论哪一位成功人士，都离不开一个成功的基本核心精神，那就是全力以赴。全力以赴可以说是一切成功的基石。一个人如果对人生、对工作、对事业、对朋友没有全力以赴的精神，那他一定不会有大的作为。做事不要尽力而为，而要全力以赴。只有这样，一个人才能化解劣势，战胜困难，最终拥抱成功。

要创机遇，切莫等运气

当今社会，竞争日益激烈，想找到一份好工作，是所有求职者心中一份热切的渴望，特别是那些初出校门的大学生们，他们初入社会，经验不足，有的很有才能，但由于择业观念陈旧，让机遇一次次地从身边溜走。

愚者总是说："只要给我一次机会，我一定会成功"，但是幸运之神好像不大青睐他们，有的人等了好几年，也没有人给他们成功的机会；智者从不相信运气，他们只相信机遇是人创造的，从来没有什么救世主会帮助自己，所以总是积极地做好准备，创造条件，一旦时机成熟，便脱颖而出，走向成功。

世界酒店大王康纳·希尔顿，早年追随掘金热潮到丹麦掘金，他没有别人幸运，没有掘出一块金子，可他却得到了上天的另一种眷顾。当他失望地准备回家时，他发现了一个比黄金还要珍贵的商机，也迅速地把握住了它。当别人都忙于掘金时他却忙于建旅店，他顿时成为了有钱人，也为他日后在酒店业的成功奠定了基础。

同样，人人皆知的中国首富李嘉诚。他的成功在于对时机的把握。六七十年代香港土地也没有现在这样的"寸土必争"。但就是在这样的环境下，李嘉诚把握住了商机，在自己并不富裕的情况下借巨款购买了大量的地皮。这样的举动需要多大的勇气和智慧啊。也正是这次常人想都不敢想的投资使他发家创业，成为亚洲地产大亨。

在现实生活中，我们经常会听到一些人埋怨自己运气不好，他们怨天尤人，怪罪父母没有给自己创造好条件，感慨生不逢时，不能像成功者那样赶上了好时候、好地方……然而，除了抱怨和暗自辛酸以外，他们没有为自己做任何事情。这样的人，不会创造机遇，只会消极等待。著名剧作家萧伯纳曾说过一句非常富有哲理的话："人们总是把自己的现状归咎于运气，我不相信运气。出人头地的人，都是主动寻找自己所追求的运气；如果找不到，他们就去创造运气。"

翻开人类奋斗的史册，我们可以看到，有的人因为抓住了机遇或创造了机遇而"柳暗花明又一村"，正摘取着成功的桂冠；有的人因为与机遇擦肩而过，还在"山重水复疑无路"，甚至为错过机遇抱憾终生。

机遇从来不是偶然得来的，而是在一步一步的追求中全力以赴捕捉到的。要想获得机遇，你就必须主动伸出双手去抓，你就得行动起来，为机遇的到来做准备。人生中许多机遇是自己创造的，如果一个人既会利用外界的机遇，又能自己创造机遇，那么他获得成功的可能性就很大，而且成功的程度也更高。如果说，在漫漫的人生旅途中，一个人从未与机遇碰过面，那是非常罕见的。也许你的机遇一生只降临一次，也许它会无数次地光顾你。机遇是属于每一个人的，但是，你若不能及时地抓住它，机遇就会瞬间即逝。所以，抓住机遇也是一种能力，它会帮助你在苦苦跋涉中来一个飞跃，让你看到成功女神的微笑。

图特摩斯三世是埃及新王国时期第十八王朝的一位国王，他在位期间，最重要的活动就是进行大规模的对外侵略。连年的征战让图特摩斯成长为一个出色的将领，他懂得如何抓住战机、打好每一场战争。

大约在公元前1482年，也就是图特摩斯三世在位的第23年，巴勒斯坦和叙利亚一带的王公组织了一支联军，准备反抗埃及的统治。图特摩斯得知消息后，马上率军向叙利亚开进。与此同时，巴勒斯坦和叙利亚的大小王公也在紧锣密鼓的筹备当中，他们组建了约3万人的精兵良将，并推举多菲斯为统帅。随后，多菲斯便率领大军集结于巴勒斯坦北部的美吉多，这里地形险要、易守难攻，多菲斯在这里迎战埃及军队，实在不失为明智之举。

图特摩斯带领军队途经离美吉多不远的叶赫木城时，埃及军方派出的侦察人员前来报告说，从叶赫木城到美吉多有3条路可走：一条是从塔纳阿卡城绕道美吉多，道路平坦，但已有重兵把守；另一条是从北面的山岭绕道美吉多，虽无人把守，但路途较远；最后一条是直通美吉多，无人把守，但道路崎岖，还要穿越陡峭的山间峡谷。

听完侦察人员的汇报，图特摩斯立即和军官们召开了一次军事会议，共同研究走哪条路最为合适。会上，不少军官分析道："绕道走对军队来说更安全一些，就算遇到敌军的埋伏，凭陛下的英勇和我军的善战，也定能打败敌军！"倘若走直路，由于道路狭窄崎岖，到时定会人拉马、马拉车，万一遭受敌人的突然袭击，我们连还手之力都没啦！"但是，这种意见却遭到一些猛将的反对，他们反驳说："兵贵神速，敌军之所以在弯路设置重兵把守，一定料到我们会选择弯路，不会选择直路。倘若我们走直路，既能缩短日程，又能最大限度地避免伤亡。"双方各执己见，争论不休。最终，图特摩斯示意众人安静，坚定地说："我们走直路！作战只有抓住战机，出其不意，才能大获全胜。如果有人害怕，请他回埃及去。"

第二天早上，图特摩斯亲自率领部队穿越峡谷。他扛着军旗，始终走在队伍的最前方，用自己的实际行动带动、鼓舞着其他将领和士兵们。当他走到峡谷的另一端时，便站在那里，密切注视着后面士兵的步伐和周围的动静。直到每位士兵都安全通过了这一最危险的地带，他才继续前行。等到太阳快要落山时，他们的部队居然已到达美吉多城下。连那些当初反对走此路的军官都忍不住佩服图特摩斯的正确决断，因为，倘若绕道走的话，至少要走 3 天 3 夜，还不包括和敌人打斗的时间；而如今，他们没有损伤一兵一卒，便顺利抵达了美吉多。未正式开战就占据如此有利的时机，还愁不能赢得战斗的胜利吗？而此时，驻扎在美吉多的联军还在不疾不缓地准备着，对即将到来的危险毫无警觉。

埃及军队眼看胜利在望，一个个摩拳擦掌，恨不得马上冲进美吉多，把敌军打得落花流水。然而，图特摩斯却命令士兵们原地休息。他心里很清楚，士兵们虽然斗志昂扬，可毕竟赶了一天的路，体力相当疲惫，只有得到充分的休息，才能迎战强大的敌人。

黎明时分，吃饱睡足了的埃及士兵猛然向驻扎在美吉多的联军发起进攻。此时，连联军统帅多菲斯都没有料到埃军这么快就杀来了，更别提他手下的士兵了。只见联军士兵们手忙脚乱地穿好衣服，仓促地拿起武器，拉开架势，但是，这些临时聚集到一起的军队怎敌得过训练有素的埃及军呢？再加上毫无准备，原本有利的地理条件也丝毫派不上用场了。不消片刻，联军就被打得死的死、伤的伤。还有一些负隅顽抗的，眼见大势已去，也纷纷缴械投降了。因为很好地抓住了战机，图特摩斯又一次打了场漂亮的大胜仗！

一个人要想成功，固然离不开聪明的头脑和不懈的努力，但是，果断地把握时机也非常重要。许多人感叹那些遇到好机会的人大走运了，但正如居里夫人所说："强者创造时机，弱者等待时机"。时机虽然存在一些偶然的成分，但只要你能在这些偶然的成分中掺杂一些人为的因素，又何尝不能创造良机呢？正如上面提到的图特摩斯三世，他所谓的战机又何尝不是自己创造出来的呢？当然，有创造就会有风险，在创造之前，你一定要有足够的勇气和心理承受力，去面对可能降临的失败。不过，更多的时候，你收获的是时机带来的成功！

成功的机会对每个人来说都是均等的，但是它不会主动地降临到任何人的头上，它需要你去勤奋争取，努力把握。在我们羡慕智者获得成功的原因和时候，更要从他们身上看到他们走向成功的过程。机遇从来不会光顾只会等待的愚者，机遇喜欢和有准备、有头脑、善于创造的智者握手。

第六章 ▷

我现在就付诸行动

一味的幻想、拖延毫无价值，计划也会变得渺如尘埃，目标更不可能达到，起而行动，方能平定心中的惶恐。成功不是等待，我现在就付诸行动。

《羊皮卷》成功誓言

我一直对自己太过于放松。

我一直拿过一本书，匆匆翻过，便又合上。

我从没在休息前，花时间回顾一天的得失。

我从来没有带着勇气和诚实，回想一天的言行，以便第二天有所借鉴，从而进步。

关于成功以及如何获得成功的真理，从来没有从我面前隐没。只因我一直为生存而拼搏，竟然没能认出它来。

每天结束时，我精疲力竭。任何为我的日子笼上阴影的错误、失败或者事故都很快得到原谅。我向自己许诺，明天将会是新的一天，也许那时生活会对我温和一些。我错了！

我终于看清了。

我看清了，世界就是一个市场，每样东西都标了价，无论我用自己的时间、劳动、心智买了什么，也无论我买下的东西是财富、舒适、名誉、正直或者知识，我都必须信守自己的决定。我不能像小孩子那样，买下一样东西，又后悔没有另一样东西。既然构成生命的每天的事情都难以收回，那么但愿我能在未来肯定地说，我的汗水与辛劳换来的是有价值的永恒的东西。唯一的可行之计是在每天向瞌睡虫投降前进行一项特别的训练。

我将在每晚反省一天的行为。

如果我每天都找出所犯的错误和坏习惯，那么我身上最糟糕的缺点就会慢慢减少。这种自省后的睡眠将是多么惬意啊。

下面就是我头脑中经常浮现的问题：

今天我发现了什么弱点？

对抗了什么情感？

抵御了什么诱惑？

获得了什么美德？

通过学习这些《羊皮卷》，我已经开始用计划来迎接每天的新生活，这样我所攀登的高峰就有了路标。现在，每天结束时，我将仔细地衡量旅途中的进步与问题，我最新获得的这项好习惯将会在我脑海中记下今天的日记，备下明天的课本。

我将在每晚反省一天的行为。

晚上，我在蜡烛熄灭之前，回想这一天每时每刻的言行。我不允许任何东西逃过我的反省。当我有权劝诫自己、原谅自己时，为什么我要害怕看到错误呢？

也许我在某一次的争论中措辞过于尖刻。也许因为我的观点刺耳，所以不被接受。虽说有理，可是要知道真理也不是随时发言的。我应该管住自己的舌头，不与白痴争论。我做得不够理想，但是这种事情不会重现。

经验往往被人们当成愚蠢与悲伤的同义语。其实大可不必。假如我愿意并确实从经验中学习，那么今天的教训就会为明天的美好生活打下基础。

我将在每晚反省一天的行为。

让我反省自己的行为，当我像自己最大的敌人那样审视自己时，我就成了自己最好的朋友。我将开始，就在此时，成为我所希望的那个样子。夜幕会降临，但睡意不会合上我的眼睑，直到我完全回忆过一天的事情。

哪一件应该做的事情没有完成？

哪一件事情本应做得更好？

生活中最大的尚未发现的快乐，来自于做任何事情能够最大限度地发挥自己的能力。这时，会有一种特殊的满足感油然而生，那是当一个人审视自己的工作时，看到工作完成得如此圆满、精彩、准确，从而生发出的一种自豪感。这种感觉是那些工作马虎、懒散、邋遢、半途而废的浮浅之士难以体会的。正是这种追求完美的意识使每件工作成为艺术。最小的工作，做得出色的话，也会变成奇迹。

明天的成就将会超过今天的作为。改进永远来自于检查与反思。每个人都应该一天比一天明智。

我将在每晚反省一天的行为。

我是否曾顾影自怜？

迎接黎明时，我是否心怀目标？

我是否对遇到的每一个人和蔼可亲？

我是否尝试走得更远一些？

我是否对机会保持警觉？

我是否在每个问题中寻找好的一面？

我以微笑面对愤怒和仇恨吗？

我集中精力和目标了吗？

有什么能比这样的日日反省更有好处？它使我更加自豪和满足。

太阳落山时，我的一天并没有结束。我还有一件事情要做。

我将在每晚反省一天的行为。

《羊皮卷》成功智慧

立即行动，切莫拖延

行动，立即行动正是成功秘诀之所在。成功者之所以成功，不是因为他懂得比你多，而是做得比你多。每个人都想成功，但为什么成功者总是少数？因为多数人只是想，但很少去做，而成功者都是想到了就去做。千万不要总是想，你把将来的目标想得再美好也只是梦想，只有不断地行动，才能实现你的理想。

有几句广告词写得好："世间自有公道，付出总有回报；说到不如做到，要做就做最好。"的确，说到不如做到。放眼看世间的成功人士，哪一位不是有着极强的实践能力，哪一位不是在目标制定后热情、积极地去实施，将想法转化为行动！只有行动才能让梦想成真，让目标实现，才能让你摆脱没钱、没背景、没经验的境遇！

凡是决定去做的事，不应拖延着不去做，如果你一心想着留待将来去做，你注定是人生角斗场上的弱者，凡是有力量，有成功经历的人，总是那些在目标确定后就充满热忱立即行动的人。

每天有每天的事，每天有每天的计划去完成。今天的事是今天的事，不应留待明天去做。拖延的习惯是成功的天敌。有的人不认为怠于行动是缺点，认为是自己的优点：慎重，谨慎，做事稳重，总是三思而行。错矣！

搁着今天的事不做而留待明天，在这个过程中，花费在拖延、等待、彷徨上的时间和精力也差不多能将要做的事情完成了。人的生活中常有这样的烦恼：有几件事本应早几天、早几周做，可当初一拖就拖到现在，"现在"硬着头皮将这些事干完后，又懊丧地发现原来在"现在"应做做过去的事情时，又将"现在"的事情拖到了将来。于是，懊丧影响了效率，效率低下又导致了混乱，混乱导致了——失败。

有目标，有计划而不去执行、实施，一味地拖延，就无疑使之烟消云散，这件事的失败，对一生会产生品格的负面影响，而"立刻行动"、"全力以赴"总能让人感到成功的欣慰，并再一次点燃下一支行动之烛，让生命的黑夜永远有光明。

要成功就要采取行动，因为只有行动才会产结果，要成功就要知道成功的人都应采取什么样的行动。有许多的人这么说："成功开始于想法"。但是，只有想法，却没有付出行动，还是不可能成功。你必须研究成功者每一天都在做些什么，他们到底做了哪些跟你不一样的行为，假如你可以如法炮制他们的行动，那么，你也会成功。

一个业务员要成功，必须拜访非常多的客户，如果他不知道最顶尖的业务员一天拜访多少个客户，那他就根本没有成功的机会；如果他无法付出顶尖业务员所做的努力，他就无法提高成绩。成功的业务员永远比一般业务员做得更多，当一般业务员放弃的时候，他却去寻找下一位顾客；当顾客拒绝他的时候，他会再问他们："您到底要不要买？"当顾客不买的时候，他会问："您为什么不买？"

他们总是在寻找改进自我的方法以及探求顾客不买的原因，他们永远在不断地改善自己的行为、态度、举止和自己的人格；他们总想弄清楚顾客不买自己商品的原因，他们总是希望更有活力，具有更大的行动力。

相比之下，很多人饱食终日，无所用心，不愿学习，不思进取，整天在抱怨一些负面的事情，他们哪来的行动力？记住，永远是你采取了多少行动，就会让你获得成功。所有的知识必须化为行动，因为行动才有力量。不管你现在决定要做什么事，不管你现在设定了多少目标，你一定要立刻行动。如果没有"现在"提供给你精力的能源，让你充满希望地立即行动，则赋予你人生意义的系统都会失去作用。

可以将现况分为两个阶段来看。如果你并不喜欢现在所处的阶段，想使自身能力迅速提高，身价随之上扬，就非运用目前的阶段不可。目前阶段便是使你的身价上扬的基石。如果你认识不到这一点，而只是一时对现况不满，便无法脱离现状，更上一层楼。

真正的成功者不论他们喜不喜欢，愿不愿意，都懂得利用现在的处境，以具作为提升自我身价的跳板。他们勇敢地面对现状："这就是我今日的处境，我唯一能解救和提升自我的就是在目前环境中展开活动。"如此一来，事情就有了急速的变化。他们只要每天在"目前环境"中开始行动就会发生奇迹，人生便会向他绽放异彩，散播希望。

发展自我的方向有两种情况：一种是把自己的缺点暂置一边，全力克服困难，由此而取得成功的典型很多；另一种是无视自己的短处，致力于发展其他方面特长，由此而获得成功者也不少。

托尔斯泰少年时，他的父母曾对这个孩子的将来有不同的预想。父亲说："他长大了不可能有大作为。"母亲却说："我倒觉得这孩子才干惊人。"最后母亲辩不过父亲，于是慈爱地摸着托尔斯泰的头说："你的外表不及别人体面，要加倍用功读书，才能成为最有用的人上之人。"

　　一般人总以为木讷、不善言辞者，无法成为领导人，这种观点有待商榷。

　　历代英雄豪杰之中，虽然有能言善辩的人，然亦不乏沉默寡言者。

　　在成为领导者的要素中，克服个性上的缺点是重要的一环。"人非圣贤，孰能无过"，能发挥其他长处，无疑是克服缺点的最佳途径。

　　"现在"，是成功的象征词。"明天"、"下星期"、"以后"、"某些时候"、"某天"是失败的象征词。许多很好的想法因为"我将来某一天开始"而成为泡影。我们应该从"现在就开始，就在现在干"。

　　一位大学生准备晚上 7 点开始学习。但因晚饭吃多了，所以决定看一会儿电视，休息一会儿。结果看了 1 个小时，因为电视节目很精彩。晚上 8 点，他坐在桌前正准备看书，突然又想起来要给朋友打个电话。一聊又是 40 分钟。后来他又被人拉去玩了 1 小时的篮球。结果，他满头大汗，又去洗了个澡。洗完澡，又觉得饿了，因为毕竟消耗了不少体力。本来计划挺好的一个晚上就这样过去了。到了深夜 1 点钟，他打开了书，但又太累了，集中不了精神看看。最终，还是去睡了。他一直没有能够坐下来看书，因为他花的"准备时间"太长了。

　　这种"过分做准备工作的人"不计其数。一些推销员、经理、家庭主妇——他们在开始工作之前总是先聊天、削铅笔、读读报、擦擦桌子、泡杯茶，然后再开始工作。

　　有一种方法可改掉这种习惯，那就是告诉自己："我此时此刻已经一切就绪了，可以开始工作了。我拖延时间什么也得不到，我要把 .准备.的时间和精力用于开始工作上去。"想给朋友写封信吗？

现在就写。有什么可以扩大业务的好想法吗？现在就去尝试。记住本杰明·富兰克林的忠告："不要把今天能做的事推到明天去做。"

记住，现在去做意味着成功；将来某一天去做意味着失败。

每一个人都喜欢拖延，每一个人都有拖延的习惯，每当想要的时候，就立刻把想法转换为没有设定完成的期限。这就是拖延的根源，如果已经设定了期限，就不会拖延，而且，那个期限如果是一定要完成的，无法再更动的，这样就没有拖延的借口了。

拖延是一种习惯，行动也是一种习惯，不好的习惯要用好的习惯来代替。

仔细思考一下，拖延的事情迟早要做，为什么要等一会儿再做？现在做完等了，等一会儿可以休息，有什么不好？现在休息，也许等一会儿要付出更大的代价。想想，在日常生活当中，有哪些事情是你最喜欢拖延的，现在就下定决心将它改善。从最简单的事情开始，当你可以激发自己的行动力时，你会非常有冲劲，会非常想去完成一件事情。当事情不如意时，一定是你没有掌握正确的方法；当完成的速度不够快时，一定是你使用的策略不对；当你仍在拖延时，一定是你的优先的顺序没有排列对，因为你不知道这件事有多重要。

凡事掌握了它的根源，就会得到非常大的收获和成效，我们知道了拖延的根源，就应该这样做：不管现在要做什么事，应该立刻行动。

我现在就付诸行动

《羊皮卷》告诫人们："一切的一切毫无意义——除非我们付诸行动。"

在我们的人生中，必须懂得行动的重要性。正如《羊皮卷》中提到的："拖延使我裹足不前，它来自恐惧"，陷入困境中的人都会心存恐惧，且仍然期盼奇迹的发生，但奇迹不会凭空发生，必须靠自己积极采取行动，一次又一次地拼搏，最后才可能出现。不管目标看起来是多么渺茫，只要肯付诸行动，就会逐渐走向成功。

做任何事，想得再好也只是一个设想，要想把想法变为现实，必须行动。

在很久以前，有两个朋友，相伴一起去遥远的地方寻找人生的幸福和快乐。一路上，两个人风餐露宿，在即将到达目标的时候，遇到了一条风急浪高的大河，河的彼岸就是幸福和快乐的天堂。关于如何渡过这条河，两个人产生了不同的意见：一个建议采伐附近的树木造成一条木船渡过河去；另一个则认为无论哪种办法都不可能渡过这条河，与其自寻烦恼和死路，不如等这条河流干了，再轻轻松松地走过去。

于是，建议造船的人每天砍伐树木，辛苦而积极地制造船只，并且学会了游泳；而另一个人则每天睡觉，然后到河边观察河水流干了没有。直到有一天，已经造好船的朋友准备过河的时候，另一个朋友还在讥笑他的愚蠢。

不过，造船的那个人并不生气，临走前只对朋友说了一句话："去做一件事不见得一定能成功，但不去做则一定没有机会得到成功！"

这条大河终究没有干枯，而那位造船的朋友经过一番风浪最终到达了彼岸，这两人后来在这条河的两个岸边定居了下来，也都各自衍生了许多子孙后代。河的一边叫幸福和快乐的沃土，生活着一群我们称为勤奋和勇敢的人；河的另一边叫失败和失落的原地，生活着一群我们称之为懒惰和懦弱的人。

这个故事，告诉我们："去做一件事不见得一定能成功，但不去做则一定没有机会得到成功！"认为不可渡河之人，拖延使他裹足不前，正是由于恐惧的缘故，以致不敢付诸行动。而建议造船渡河之人说干就干，毫不犹豫；他也正是靠着"每天砍伐树木，辛苦而积极地制造船只，并且学会游泳"这些实际行动克服了恐惧，最终战胜困难，获得成功。

万事始于心动，成于行动，行动是成功的阶梯，目标越准，行动越快，成就越大！

平庸者和成功者之间的差距不在别处，就在于心动与行动，你是否有心动，是否将心动付诸行动了？这将是你梦想能否成真，事业能否成功的关键。

不同的人有不同的心动，放飞自己心动的梦想，朝向自己的目标脚踏实地的迈进，用自己的实际行动实现自己心动的目标。没有目的，就做不成任何事……

任何希望，任何计划最终必然要落实到行动上。只有行动才能缩短自己与目标之间的距离，只有行动才能把理想变为现实。做好每一件事，既要心动，更要行动，只会感动羡慕，不去流汗行动，成功就是一句空话。

有两个和尚，一个很贫穷，一个很富有。

有一天，穷和尚对富和尚说："我打算去一趟南海，你觉得怎么样呢？"

富和尚不敢相信自己的耳朵，认真地打量一番穷和尚，禁不住大笑起来。

穷和尚莫名其妙地问："怎么了啊？"

富和尚问："我没有听错吧！你也想去南海？可是，你凭借什么东西去南海啊？"

穷和尚说："一个水瓶、一个饭钵，就足够了。"

富和尚大笑地说："去南海来回好几千里路，路上的艰难险阻多得很，可不是闹着玩的。我几年前就准备去南海的，等我准备了充足的粮食、医药、用具，再买上一条大船，找几个水手和保镖，就可以去南海了。你就凭一个水瓶、一个饭钵，怎么可能去南海呢？还是算了吧，别白日做梦了。"

穷和尚不再与富和尚争执，第二天就只身踏上了去南海的路。他遇到有水的地方就盛上一瓶水，遇到有人家的地方就去化斋，一路上尝尽了各种艰难困苦，很多次，他都被饿晕、冻僵、摔倒。但是，他一点儿也没想到过放弃，始终向着南海前进。

很快，一年过去了，穷和尚终于到达了梦想的圣地——南海。

两年后，穷和尚从南海归来，还是带着一个水瓶、一个饭钵。穷和尚由于在南海学习了许多知识，回到寺庙后成为一个德高望重的高僧了。而那个富和尚还在为去南海做着各种准备工作呢。

禅宗认为，一个人的思维决定他的行动，而他的行动则又决定他能否证得佛果。其实，在生存处世中也是如此，一个人如果不善于采取行动，他是很难有所作为的。

正如《羊皮卷》中所说："我现在就付诸行动。从此我要记住萤火虫的启迪：只有在振翅的时候，才能发出光芒。"萤火虫是凭借振翅才能发出光芒的，而人类要靠行动才能获取成功。上面的故事中，如果穷和尚只是一味地准备，等待，而不付诸于实际行动，那么他永远也到达不了梦寐以求的圣地——南海，也不可能经历磨炼，最终成为德高望重、受人敬仰的高益。

有句话说得好："一百次心动不如一次行动"！因为行动是一个

敢于改变自我、拯救自我的标志，是一个人能力有多大的证明。只会心想，光会说话，都是虚的，不能看到一点儿实际的东西。美国著名成功学大师杰弗逊说："一次行动足以显示一个人的弱点和优点是什么，能够及时提醒此人找到人生的突破口。"毫无疑问，那些成大事者都是勤于行动和巧妙行动的大师。

在为人处世的道路上，我们需要的是，用行动来证明和兑现曾经心动过的梦想。也许你早已经为自己的未来勾画了一个美好的蓝图，但是它同时也给你带来了烦恼，你感到自己迟迟不能将计划付诸实施，你总是在寻找更好的机会，或者常常对自己说：留着明天再做吧。这些想法和做法将极大地影响你的做事效率。

因此，要获得成功，必须立刻开始行动。任何一个伟大的计划，如果不去行动，就像只有设计图纸而没有盖起来的房子一样，只能是一个空中楼阁。

生存在竞争日益激烈的社会中，就要懂得心动不如行动的道理。因为，心动只能让你终日沉浸在梦想之中，而行动才能让你最终走向成功。所以，做人一定不要仅是心动，更重要的是采取果断的行动。摆脱你拖延的情绪，战胜你恐惧的心理，现在就付诸行动；做光明的萤火虫，积极振动你的双翅，向世界展示你的光芒。

天下无难事，积极行动虽然不一定能够成功，但是你不去做，连成功的可能性都不存在了，很多事情都是这样，只要你努力尝试了，你就会发现：事情原来并非像想象的那么难！所以，万事切莫等待，付诸行动才能赢得胜利，获得成功。

成功的关键在于行动

比尔·盖茨的业务导师博恩·崔西是全美最具影响力的演说家和成功学讲师，他的足迹遍布 92 个国家，曾经在 43 个国家发表过演讲。他曾经说："成功的关键在于行动,成功的人都是行动导向的人。一旦他们有了什么想法,就立即去实践。"实践的结果有两种,一是可能成功,二是可能失败,成功总是伴随着一连串的失败,是失败的累积。所以只要你去试,就不会会输。"不要怕失败,关键在于行动,"博恩·崔西说,"从中国到美国的航班,飞机在99%的时间都会偏离预定的航道,但这些飞机大都会准时到达,就是因为机长会在行动过程中不断修正自己的错误,人生的旅程也是如此。"

人生伟业的建立,不在于认知,而在于笃行。笃行是最了不起的事。只要一个人行得正,就会越来越喜欢行动。要想做个有成就的人,应从行动进取开始。詹姆斯·威廉斯说:"与其兴之所至才击节高歌,不如先引吭高歌带动心情"。一个人的行为可以影响他的态度,因为积极的行动能带来及时的反馈和成就感,也能带来节节成功的喜悦。切实去完成自己的意愿,就能鼓舞自己不断获得成功。

每一个人都可以界定自己的人生目标,并制订各个时期的目标。但如果光有目标而不笃行,还是一事无成。

苦思冥想,谋划如何如何才能有成就,不能代替获得成功的实践。不肯行动的人,事实上等于在做白日梦。这种人不是懒汉,就是害怕挫败的弱者。

巴尔扎克在父母的严厉要求下开始其写作生涯的,曾经在开始写作时经历了许多坐败。在规定的两年之内,他败得很惨,父母断了他的生活费,他就一边谋生一边写作,虽债务缠身,仍继续奋斗,终以其鸿篇巨制《人间喜剧》跻身于世界一流作家的行列。

说一尺不如行一寸。克雷洛夫说:"现实是此岸,理想是彼岸,中间隔着湍急的河流,行动则是架在河上的桥梁。"行动才会产生结果。行动是成功的保证，任何伟大的目标、伟大的计划，最终必然落实到行动上。拿破仑说："想得好是聪明，计划得好更聪明，做得好是最聪明和最好的。"

生活中，有不计其数的人过着平凡的生活，甚至从未体验过成功，在他们嘴上挂着的口头禅是：张三种药材发财了，我早就知道种药材能发财；李四开了个干洗店，我就说嘛，在这个小区开个干洗店准来钱……

2002年9月10日，在首届中国企业成功女性大会上被评选为优秀企业家的TCL集团总裁吴士宏女士，是一个充满传奇色彩的杰出女性。她的故事可以说是最典型的例子。从1979年到1983年，她一直受着白血病的折磨。由于一次又一次的化疗，她的头发几乎掉光。大病过后，吴士宏忽然觉得：自己的生命只能重新开始，因为生命也许留给她的时间并不宽裕了。从那时开始，她就下定决心：要做一个"大写"的人！她的命运从此发生了一个极大的转折。

1985年的一天，吴士宏来到了北京长城饭店门口。她要离开原来毫无生气甚至满足不了温饱的护士职业。为此她凭着一台收音机，花了一年半时间学完了许国璋英语3年的课程。她一直守候着机遇的到来。现在，她鼓足勇气，走进了世界最大的信息产业公司IBM公司的北京办事处。两轮的笔试和一次口试，她都顺利地通过了，最后主考官问她会不会打字，吴士宏条件反射地说："会！""那么你1分钟能打多少？"主考官问。"你的要求是多少？"她问。主考官说了一个标准，她马上承诺说可以。因为她环视四周，发觉考场里没有一台打字机，果然，主考官说下次录取时再加试打字。但是，吴士宏却从不知道计算机为何物。面试一结束，她就飞快地跑回去，向亲友借了170元买了一台打字机，没日没夜地敲打了一星期，双手疲乏地连吃饭都拿不住筷子，竟然奇迹般地敲出了专业打字员的水平。以后好几个月她才还清了这笔债务，令人意想不到的却是IBM公司却一直没有考她的打字能力。

后来，吴士宏如愿以偿地成了这家著名企业的一名普通员工。在IBM工作的最早的日子里，她只是一个微不足道的角色，沏茶倒水，打扫卫生，她为身处这个安全而能解决温饱的环境感到宽慰。然而，这种内心的平衡很快被打破了。有一次吴士宏推着平板车买办公用品回来，被门卫拦在大楼门口，故意要检查她的外企工作证。吴士宏没有证件，于是僵持在门口，进进出出的人投来的都是异样的目光，她内心充满了屈辱，却无法宣泄，只能暗暗发誓："这种日子不会久的，绝不允许别人把我拦在门外。"

有件事对吴士宏的影响很大。有位资格很老的香港女职员，动辄就驱使别人替她做事，吴士宏自然成了她驱使的对象。有天她满脸阴云地冲吴士宏说："如果你要想喝咖啡的话，请告诉我！"吴士宏惊诧之余，满头雾水，不知道究竟发生了什么。那位女职位又劈头盖脸地喊道："如果你要喝我的咖啡，麻烦你每次把盖子盖好！"吴士宏这才恍然大悟，原来她把自己当成经常偷喝她咖啡的小贼了。这是人格的污辱，吴士宏顿时被激怒了，像头狮子一样咆哮起来。事后吴士宏对自己说："有朝一日，我一定能够有能力管理公司里的任何人，无论是外国人还是香港人。"

她决心改变这种状况。从此她每天比别人多花6个小时用于工作和学习。不久，在同一批聘用者中，她第一个做了业务代表。接着，同样的付出又使她成为第一批本土的经理。然后又去了美国，第一个成为IBM在中国华南区的总经理。

奋斗是无止境的，吴士宏没有就此停止她不断尝试新的成功的努力。1998年2月5日，她和微软公司正式签订了协议，出任微软公司中国区总经理。1999年6月18日，从微软辞职之后，她又于10月11日被TCL委以重任，当了TCL集团的常务董事、副总裁、TCL信息产业集团公司总裁。

只有努力去尝试才能获得成功。记住这句话，让它成为你的行动原则。一旦你切实做到了这一点，成功，离你就不远了。

少说多做，行动最重要

做人就要少说多做，因为言语要有价值，必须以行动来支持。"只会想不去做的人只能生产思想垃圾，"著名作家布莱克说，"成功是一把梯子，双手插在口袋里的人是爬不上去的。"

吉列公司的创始人金·吉列，于1901年向世人推出了"安全剃须刀"，这个产品非常成功。那时，士兵们必须将脸刮干净，以确保他们的防毒面具使用正常。

战争确立了这种安全剃刀在美国的地位，但士兵雅克布·希克对这种剃刀却不以为然。因为当有热水时，这种剃刀无疑是很好的，然而希克的驻地在阿拉斯加，每天早晨他都得敲开冰层取水刮脸。于是，发明一种新产品的念头开始在希克的脑中转动。

希克决定发明一种干剃刀。他遇到的最大难题在于需要有一个足以发动小机器的小型电动马达。希克用了5年时间才完成这项发明，并于1923年取得发明专利权。1931年经济大萧条时期，他将所有财产抵押出去获得贷款，将剃须刀推向市场。25美元的标价虽然高了些，但他还是卖出了3000把。慢慢地，这种剃须刀开始赢利了。接着，希克将所有利润投入到广告宣传中，结果到1937年的时候，他已售出了200万把电动剃须刀，希克成为了"电动剃须刀大王"。

看来，好创意的实现还要靠锲而不舍的努力。阿拉伯有句格言：聪明人把希望寄托在行动上，糊涂人把希望寄托在幻想上。这说明，思想固然重要，但行动往往更重要。

从前，有一位满脑子都是智慧的教授与一位文盲相邻而居。尽管两人地位悬殊，知识水平、性格有天壤之别，可两人有一个共同的目标，就是尽快富裕起来。

每天，教授跷着二郎腿大谈特谈他的致富经，文盲在旁虔诚地听着，他非常钦佩教授的学识与智慧，并且开始依着教授的致富设想去付诸行动。若干年后，文盲成了一位百万富翁，而教授还在空谈他的致富理论。

可见，行动才是最终的决定力量，无论你的计划多么详尽，语言多么动听，不开始行动，你就永远无法达到目标。在一生中，我们有着种种计划，若能够将一切憧憬都抓住，将一切计划都认真执行，那么，事业上所取得的成就，将是多么的伟大！

美国成功学家格林演讲时，曾不止一次地对听众开玩笑说，全球最大的航空速递公司——联邦快递，其实是他构想的。

格林没说假话，他的确曾有过这个主意。20世纪60年代格林刚刚起步，在全美范围内为公司做中介工作，每天都在为如何将文件在限定时间内送往其他城市而苦恼。

当时，格林曾经想到，如果有人开办一个能够将重要文件在24小时之内送到任何目的地的服务，该有多好！

这想法在他脑海中停留了好几年，他也经常和人谈起这个构想，遗憾的是，他没有采取行动，直到一个名叫弗列德·史密斯的家伙（联邦快递的创始人），才真的把它转换为实际行动。就这样，格林与开创事业的大好机会擦身而过了。

　　格林用自己的故事现身说法：成功地将一个好主意付诸实践，比在家空想出 1000 个好主意要有价值得多。没有行动，再远大的目标只是目标，再完美的设想也仅仅是设想，要想使其变为现实，必须付诸行动。

　　艾柯卡就任美国克莱斯勒公司经理时，公司正处于一盘散沙的状态。他当时的职责就是动员员工来振兴公司。艾柯卡没有做任何动员和号召，而是主动把自己的年薪由 100 万美元降到象征性的 1 美元。这 100 万美元与 1 美元的差距，使艾柯卡超乎寻常的牺牲精神在员工面前闪闪发光。榜样的力量是无穷的，很多员工因此感动得流泪，也都像艾柯卡一样，不计报酬，团结一致，自觉为公司勤奋工作。不到半年，濒临破产的克莱斯勒公司一举扭亏为盈。

　　种种事实已经证明，让自己立于不败之地的最好方法就是，不卖弄口舌，以行动说话。行为有时比语言更重要，人的力量，很多时候往往不是由语言，而是由行为和动作体现出来的，聪明的人尤其如此。

立刻行动！立刻行动！

　　《羊皮卷》告诫人们："实现梦想，今天就出发，立刻行动！立刻行动！立刻行动！"

　　每个人的心中都怀有梦想，但并不是所有人都能实现自己的梦想，因为有的人只想着过眼前的舒服日子，而有的人却勇敢地迈出了自己的步伐，最终实现了梦想。所以，如果你想实现梦想，今天就出发吧！正如《羊皮卷》中所说："立刻行动！立刻行动！立刻行动！"

　　安乐尼·吉娜是大学里艺术团的歌剧演员。她向人们展示了一个璀璨的梦想：大学毕业后先去欧洲旅游一年，然后要在百老汇成为一位优秀的演员。

吉娜的心理学老师找到她，尖锐地问了一句："你去欧洲旅游后去百老汇，跟毕业后就去有什么差别？"

吉娜仔细一想：是呀，赴欧旅游并不能帮我争取到百老汇的工作机会。于是，吉娜决定1个月以后就去百老汇闯荡。这时，老师又冷不丁地问她："你现在去跟1个月以后去有什么不同？"

吉娜听到后，想准备一下下星期就出发。老师却步步紧逼："所有的生活用品在百老汇都能买到，为什么非要等到下星期动身呢？"

吉娜终于双眼含泪地说："好，我明天就去。"老师赞许地点点头，说："我马上帮你订好明天的机票。"

第二天，吉娜就飞赴纽约百老汇了。

当时，百老汇的制片人正在酝酿一部经典剧目，几百名各国演员前去竞聘主角。吉娜费尽周折从一个化妆师手里拿到了将要排练的剧本。这以后的两天中，吉娜闭门苦读，悄悄演练。初试那天，吉娜以精心的准备出奇制胜。就这样，吉娜顺利地进入了百老汇，穿上了她演艺生涯中的第一双红舞鞋。

两年后的安乐尼·吉娜已经成了纽约百老汇中最年轻、最负盛名的演员之一，她永远都感谢老师对她的督促。

对于成功来说，仅仅设定和分解目标是远远不够的，即使你具备了知识、技巧、能力、良好的态度与成功的方法，懂得比任何人都多，如果你不采取行动，一切美好的愿望也都只是虚无缥缈、可望而不可即的海市蜃楼，你还是很难获得成功。正如上面事例中的安乐尼·吉娜那样，如果没有老师的督促，如果没有安乐尼·吉娜的"立刻行动"，只是空怀梦想，一味的推迟，终究难以实现自己的演员梦。

立刻行动不但是一种良好的习惯和态度，也是每一个成功者共有的特质。什么事情你一旦拖延，就会不断拖延下去。如果一旦开始行动，通常就能坚持到底。凡事采取行动就已是成功的一半，第一步是最重要的一步，行动永远应该从第1秒开始，绝不是第2秒。

只要你从早上睁开眼睛那一刻开始，你就立刻行动起来，一直行动下去，对每一件事都要告诉自己立刻去做。你会发现，你整天都会充满行动带来的充实的快感，只要这样持续两个星期左右，你就能养成立刻行动的好习惯了。

立刻行动，可以应用在人生的每一个阶段，敦促和鞭策你去做自己应该做却不想做的事情。不论你现在境况如何，只要你用积极的心态去面对，立刻行动，成功就将属于你。而一味地拖延，把行动推到明天，终将一事无成。

一位年轻女士，在怀孕时非常高兴地在丈夫的陪同下买回了一些颜色漂亮的毛线，她打算为自己腹中的孩子织一身最漂亮的毛衣毛裤。可是她却迟迟没有动手，有时想拿起那些毛线编织时，她会告诉自己："现在先看一会儿电视吧，等一会儿再织"，等到她说的"一会儿"过去之后，可能丈夫已经下班回了。于是她又把这件事情拖到明天，原因是"要陪着丈夫聊聊天"。等到孩子快要出生了，那些毛线还像刚买回的那样放在柜子里。丈夫因为心疼妻子，所以也并不催她。后来，婆婆看到那些毛线，告诉儿媳不如自己替她织吧，可是儿媳却表示一定要自己亲手织给孩子。只不过她现在又改变了主意，想等孩子生下来之后再织，她还说："如果是女孩子，我就织一件漂亮的毛裙，如果是男孩就织一套毛衣毛裤，上面一定要有漂亮的卡通图案。"

孩子生下来了，是个漂亮的男孩。在初为人母的忙忙碌碌中，孩子渐渐长大了。很快孩子就 1 岁了，可是他的毛衣毛裤还没有开始织。后来，这位年轻的母亲发现，当初买的毛线已经不够给孩子织一身衣服了，于是打算只给他织一件毛衣，不过打算归打算，动手的日子却被一拖再拖。

当孩子 2 岁时，毛衣还没有织。

当孩子 3 岁时，母亲想，也许那团毛线只够给孩子织一件毛背心了，可是毛背心始终没有织成。

······

渐渐地，这位母亲已经想不起这些毛线了。

孩子开始上小学了，一天孩子在翻找东西时，发现了这些毛线。孩子说真好看，可惜毛线被虫子蛀蚀了，便问妈妈这些毛线是干什么用的。此时妈妈才又想起自己曾经憧憬的、漂亮的、带有卡通图案的毛衣。

从这个事例中，我们不难看出立刻行动的重要性。它同时告诫人们，在日常的工作和生活中必须克服拖延的习惯，想方设法将拖延的习惯从你的个性中除掉。如果不下决心现在就采取行动，那事情就永远不会完成。

比尔·盖茨说过："想做的事情，立刻去做！"

当"立刻去做"从我们的潜意识中浮现时，我们应毫不迟疑地立刻付诸行动。21 世纪是一个"快鱼吃慢鱼"的信息时代，资源共享，信息传递飞快，"不进则退，慢进也是退"，只有快速行动，才能使我们在激烈的竞争中获得更为有利的位置，才能把握住一个个转瞬即逝的机会。你要想赢，就不能总是等待好运气的出现。如果迫不得已的话，就是在睡梦中也得准备好行动。

不要等待好运气，也不要等待最好的行动机会，现在就开始做——立刻行动！立刻行动！世上不存在绝对的好时机，不存在完美无缺的力量，同样不存在十全十美的完人。所有的机会、力量以及能力，都是在行动中体现出来的。

生命需要立刻行动，行动才会有成果，才能去拥抱未来。向每天的生活索取合理的回报，而不是光等着回报跑到你的手中，你会因为得到许多你所希望的东西而感到惊讶。

个人在自己的一生中，有着种种憧憬、理想和计划，如果我们能够将这一切憧憬、理想与计划，迅速加以执行，那么我们在事业上取得的成就不知道会有多么伟大！然而，人们有了好的计划后，往往不去迅速执行，而是一味拖延，以致让充满热情的事情冷淡下去，幻想逐渐消失，计划最终破灭，我们也永远无法到达理想的彼岸。

因此，在生活中我们要永远记住："今天就出发，立刻行动！立刻行动！"把它养成我们自身的一种习惯，成为我们的本能，好比呼吸一般，好比眨眼一样。用它来调整我们的情绪，向目标前行，去迎接失败者避而远之的每一次挑战。

成功者都必须自我激励，激励不是别人的赠与，而是要求自己永远以积极的行动来超越自我。我们必须立刻行动，朝着自己向往的方向奔跑，因为只有立刻行动才能跨越障碍，最终走向成功。

做一个积极主动的人

时代需要积极主动的人，积极主动就可以占据优势地位，积极主动是一种乐观的思维方式，它能够增强一个人的自信心，使他获得更多的成就感，而成就感的增加会极大地增强行动力。积极主动正是每一个追求成功的人所必须具有的人生态度。积极主动的人能创造无数的成功机会，获得更多的核心竞争力，走在时代的前沿。

做一个积极主动的人，就会拥有真正的健康财富，就会增加宝贵的心灵财富。

一个男孩和一个女孩，从认识的那一天起，就彼此都有说不尽的欣赏，成了好朋友。那时，他们还在上高中，接着就上大学，读研究生，参加工作。很快 8 年已经过去，友情没有一丁点儿的淡化。然而，也仅此而已。

之后，两个人各自去谈恋爱，她有了男朋友，他也有了女朋友。4 个人很要好，常在一起玩，笑称都是性情中人。

有一天，这个男孩和这个女孩谈起一个话题，如果有来世并可以选择性别的话，来世是做男孩还是女孩？

照例是争得没完没了，女孩还要做女孩，男孩呢，还是要做男孩。他说："来世我不能不做男孩，因为我要娶你。"说完淡淡一笑。

女孩子被钉住似的待在那里，心里恍恍惚惚的——她从来也不知道男孩是爱她的。

知道了又怎样，错过了已难回头。是的，任何事情都不会偶然发生，都一定是有原因促成的，包括个人的成功。成功，是那些相信自己会做成某件事的人，通过切实的行动、谨慎的规划，不懈努力的结果。

这个世界上有两种人，一是实干家，二是空想家。空想家善于夸夸其谈，想象丰富，渴望强烈，甚至于设想去做大事情；而实干家则是去脚踏实地地做！空想家往往不管怎样努力，都无法让自己去完成那些自己应该完成或是可以完成的事情；但实干家虽然没有空想家那样富丽堂皇的说辞，而总能获得成功。

实干家比空想家更能获得成功，是因为实干家一贯采取持久的、有目的的行动，而空想家很少着手行动，或是刚开始行动便很快懈怠了。实干家具备有目的地改变生活的能力,他们能够完成非凡的事业,不论是开创一间自己的公司,写作一本书,竞选政府官员,还是参加马拉松比赛,以及其他事业。而与此形成鲜明对比的是,空想家只会站到一边,仅仅是梦想过这些而已。

世界上常常缺少实干家,而从来不缺少空想家。那些爱空想的人,总是满腹经纶,却是思想的巨人、行动的矮子;这样的人,不会创造任何价值。

在人生的道路上,我们需要的是,能用行动来证明和兑现曾经心动过的事情。

报纸上曾经有一个竞答题目:如果有一天大英博物馆突然燃起了大火,而当时的条件只允许从众多的馆藏珍品中抢救出一件,你会抢救哪一件?在数以万计的读者来信中,一位年轻人的答案被认为是最好的。他说:"选择离门最近的那一件"。这是一个令人叫绝的答案,大英博物馆的馆藏珍品件件都是国宝,举世无双,与其幻想着件件都抢救出来,不如抓紧时间抢救一件算一件。因为前者是不切实际的,完全属于一厢情愿。

一位侨居海外的华裔大富翁,小时候家里很穷。在一次,在放学回家的路上,他忍不住问妈妈:"别的小朋友都有汽车接送,为什么我们总是走回家?"妈妈无可奈何地说:"我们家穷!""为什么我们家穷呢?"孩子又问。

妈妈告诉他:"孩子,你爷爷的父亲,本是个穷书生,十几年的寒窗苦读,终于考取了状元,官居二品,富甲一方。哪知你爷爷游手好闲,贪图享乐,不思进取,坐吃山空,一生中不曾努力干过什么,因此家道败落。你父亲生长在时局动荡的战乱年代,总是感叹生不逢时,想从军又怕打仗,想经商又错失良机,就这样一事无成,抱憾而终。临终前他留下一句话：大鱼吃小鱼，快鱼吃慢鱼。

"孩子，家族的振兴就靠你了，干事情，想到了看准了就得行动起来，抢在别人前面，努力地干好才会有成功。"

他牢记了妈妈的话，以10亩祖田和3间老房子为本钱，奋力拼搏，经过无数挫折和失败，最终名列今天《财富》华人富翁排名榜前5名。他在自传的扉页上写下这样一句话："想到了，就是发现了商机，行动起来，就要不懈努力，成功仅在于领先别人半步。"

立刻行动起来，不要有任何的耽搁。要知道世界上所有的计划都不能帮助你成功，要想实现理想，就得赶快行动起来。成功的道路有千条万条，但是行动却是每一个成功者必须要走的路，行动是通向成功的捷径。

世界著名的军事统帅拿破仑有句名言："我总是先投入战斗，再制订作战计划。"你也根本不必先变成一个"更好"的人或者彻底改变自己的生活态度，然后再去追求自己向往的生活。只有行动才能使人"更好"。因此最聪明的做法就是首先起而行动，向前，去实现自己向往的目标，然后再考虑完善自我和完善目标。无数成功者的实践证明，只要行动起来，就会创造奇迹。

希望，须在行动中收获

梦想和向往需要行动来实现，行动托起了梦想，希望在行动中收获！没有行动就没有收获。任何宝典永远不可能创造财富，只有行动才能使宝典、计划、目标具有现实意义。

大家都知道，猫是老鼠的天敌。一只外号叫"无敌手"的猫，打得老鼠溃不成军，把整批整批的老鼠都送进了坟墓。老鼠最后几乎销声匿迹了。残存下来的几只老鼠躲在洞里不敢出来，也快要饿死了。

"无敌手"在这帮悲惨的老鼠看来，根本不是猫而是一个恶魔。为了共同的利益，那些残存的老鼠聚集到了一个角落，就存亡的迫切问题召开了紧急会议，商讨用什么方法来对付"无敌手"。

会上提出来了许多种方案，但都被否决了。最后一只老鼠站起来提议说，在猫的脖子上系上一只铃铛，这样，当猫来进攻时，只要听到铃铛响，我们就可以马上逃跑。这真是个绝妙的主意，众鼠对这个建议报以热烈的掌声。

但是问题是怎样把铃铛系到猫脖子上去呢？一只老鼠说："我没那么笨，我不去。"另一只老鼠说："我干不了。"到最后也没想出一个可以执行的办法，所以只有不了了之。

给猫系上铃铛无疑是个好主意。但问题是谁去系呢？没有一个老鼠愿意去白白送死。

由此可见，再绝妙的想法，如果没有可以执行的方法，也只是痴人说梦，没有任何价值。

爱默生曾说："去吧，把你的愿望化为实际行动！"这句话对许多人的人生产生了很大的影响。

福特，这位号称美国"汽车大王"的工商业巨子，说得更简单："不管你有没有信心，去做就准没错！"

有些人问美国著名作家、教育家、《心想事成法则》的作者墨菲："我已经如你说的那样，每天想着良好的愿望和美丽的事情，但是依然没有出现好的结果，这是为什么呢？"

墨菲告诉他们："这是因为你们没有把行动的力量发挥出来。根据生命定律，命运的门关闭了，潜意识会为你开启另一道门。所以我们应该积极寻找那道敞开的门；而在这扇幸福之门面前向你招手的，就是 . 行动 . 只有不停地从事有意义的行动，我们才能从不幸的境遇中解放出来，最终实现自己的愿望。"

　　成功者与失败者的区别在于：前者动手，后者动口。

　　在人生的旅程中，很多人都知道哪些事该做，然而真正身体力行，去做的人却不多。愿望如果没有积极的行动来配合，就只是一种盲目的自我陶醉。

　　有一位名叫西尔维亚的美国女孩，她的父亲是波士顿有名的医生，母亲在一家声誉很高的大学担任教授。家庭对西尔维亚有很大的帮助和支持，她完全有机会实现自己的理想。她从念中学的时候起，就一直梦寐以求当一名电视节目主持人。她觉得自己具有这方面的才干，因为每当她和别人相处时，即便是生人也都愿意亲近她并和她长谈。她自己常说："只要有人给我一次上电视的机会，我就相信一定能成功。"

　　但是，她什么也没做，而在等待奇迹出现，希望一下子就当上电视节目主持人。

　　她不切实际地期待着，结果什么奇迹也没有出现。

　　谁也不会请一个毫无经验的人去担任电视节目主持人。而且，节目的主管也没有兴趣跑到外面去搜寻人才，一向都是别人去找他们。

　　另一个名叫艾伦的女孩却实现了与西尔维亚同样的理想，成了著名的电视节目主持人。艾伦并没有白白地等待机会出现。她不像西尔维亚那样有可靠的经济来源，所以白天去打工，晚上在大学的舞台艺术系学习。毕业之后，她开始谋职，跑遍了每一个广播电台和电视台。但是，每一个谋职单位的经理对她的答复都差不多："对没有几年经验的人，我们是不会雇用的。"

　　但是，艾伦不退缩，也没有等待机会，而是去寻找机会。她一连几个月仔细阅读广播电视方面的杂志，最后终于看到一则招聘广告，北达科他州有一家很小的电视台招聘一名预报天气的女主持人。她抓住这个工作机会，动身到北达科他州。

她在那里工作了 3 年，最后在洛杉矶的电视台又找到了一个工作。又过了 5 年，她终于得到提升，成为梦想已久的节目主持人。西尔维亚那种失败者的思路和艾伦那种成功者的观点正好背道而驰。她们的分歧点就在于，西尔维亚在 12 年当中，一直停留在幻想上，坐等机会，期望时来运转；而艾伦则是采取行动。首先，她充实了自己；然后，在北达科他州的小电视台受到了锻炼；接着，在洛杉矶积累了比较多的经验；最后终于实现了理想。

因此只有空想，不去行动，是没有任何意义的。赫胥黎有句名言："人生伟业的建立，不在能知，乃在能行。"用心设下的目标，如果不付诸行动，便只是画饼充饥，除非付诸行动，否则毫无意义。